高等学校教材

高分子科学实验教程

张爱清　主　编
谢光勇　副主编

化学工业出版社
·北京·

本教材是高分子科学实验的教程，具体内容包括高分子化学实验部分、高分子物理实验部分、高分子材料成型加工及测试实验部分、综合性创新性实验部分，共 56 个实验。本教材贴近高分子科学实验的教学实际，对提高学生的理论水平、实验技能、动手能力有较大的指导意义。

　　本教材可供大专院校高分子科学相关专业师生使用，也可供从事高分子科学研究、开发及管理的人员参考。

图书在版编目（CIP）数据

高分子科学实验教程/张爱清主编. —北京：化学工业出版社，2011.8（2024.9重印）
高等学校教材
ISBN 978-7-122-11830-1

Ⅰ.高… Ⅱ.张… Ⅲ.①高分子化学-化学实验-高等学校-教材②高聚物-实验-高等学校-教材③高分子材料-实验-高等学校-教材 Ⅳ.①O63-33②TB324-33

中国版本图书馆 CIP 数据核字（2011）第 139096 号

责任编辑：杨　菁　洪　强　　　　　　　文字编辑：颜克俭
责任校对：王素芹　　　　　　　　　　　装帧设计：杨　北

出版发行：化学工业出版社（北京市东城区青年湖南街 13 号　邮政编码 100011）
印　　装：北京机工印刷厂有限公司
787mm×1092mm　1/16　印张 11¼　字数 276 千字　2024 年 9 月北京第 1 版第 6 次印刷

购书咨询：010-64518888　　　　　　　　售后服务：010-64518899
网　　址：http://www.cip.com.cn
凡购买本书，如有缺损质量问题，本社销售中心负责调换。

定　　价：33.00 元

前　言

　　实验是理、工科专业教学中重要的一个环节，可以提高学生的动手实践能力，培养创新能力；有助于学生综合素质的提高，培养适应社会快速发展需要的复合型人才。本书是为了适应我国在 21 世纪对材料科学人才的需求，在多年实践教学的基础上编写而成，可适用于高分子材料与工程、材料科学与工程、材料化学等专业。

　　本书按高分子科学发展的内在规律与学科特点，将实验分为高分子化学实验、高分子物理实验、高分子材料成型加工及测试实验、综合性创新性实验等四大块，共包含有 56 个实验。其中实验 1～21 为高分子化学实验，实验 22～33 为高分子物理实验，实验 34～48 为高分子材料成型加工及测试实验，实验 49～56 为综合性创新性实验。这四大块的内容相互独立，可以分别与高分子化学、高分子物理、高分子成型加工等课程相衔接，便于不同层次的高校和不同专业在开设不同课程时有选择性的取舍；同时这几部分的内容也相互联系，有助于学生融会贯通和理解高分子科学发展的规律。书中的综合性创新性实验是我们专业从事高分子科学研究的老师结合自己的科研工作编写，体现了创新性和前沿性，同时也希望能激发学生对高分子科学研究的兴趣。

　　本书由中南民族大学材料化学教研室的老师编写，张爱清教授任主编，谢光勇任副主编，编写人员如下：杨海健（实验 1～7，54）；李香丹（实验 8～14，49）；张爱清（实验 15～21，56）；李廷成（实验 22～27，53）；程新建（实验 28～33，52）；张道洪（实验 34～39，51）；李琳（实验 40～44，55）；谢光勇（实验 45～48，50）。

　　由于编者水平有限，书中不当之处难免，恳请读者批评指正。

编者

2011 年 7 月

目　　录

高分子化学实验部分

实验1 甲基丙烯酸甲酯的本体聚合及有机玻璃棒的制备

一、实验目的

1. 掌握自由基本体聚合的特点和聚合方法；
2. 熟悉有机玻璃棒的制备方法，了解其工艺过程。

二、实验原理

本体聚合是指单体仅在少量的引发剂存在下进行的聚合反应，或者直接在热、光和辐照作用下进行的聚合反应。本体聚合具有产品纯度高和无需后处理等优点，可直接聚合成各种规格的型材。但是由于体系黏度大，聚合热难以散去，反应控制困难，导致产品发黄，出现气泡，从而影响产品的质量。

本体聚合进行到一定程度，体系黏度大大增加，大分子链的移动困难，而单体分子的扩散受到的影响不大。链引发和链增长反应照常进行，而增长链自由基的终止受到限制，结果使得聚合反应速度增加，聚合物分子量变大，出现所谓的自动加速效应。更高的聚合速率导致更多的热量生成，如果聚合热不能及时散去，会使局部反应"雪崩"式地加速进行而失去控制。因此，自由基本体聚合中控制聚合速率使聚合反应平稳进行是获取无瑕疵型材的关键。

聚甲基丙烯酸甲酯由于有庞大的侧基存在，为无定形聚合物，具有高度的透明性，可见光透过率为 90%～93%，因此又称为有机玻璃。它的密度小 ($1.18g/cm^3$)，耐低温性能好，在 $-183～60℃$ 冲击强度几乎没有变化，且其电性能优良，是航空工业与光学仪器制造业的重要材料，有机玻璃表面光滑，在一定的曲率内光线可在其内部传导而不逸出，因此在光导纤维领域得到应用。但是，聚甲基丙烯酸甲酯耐候性差、表面易磨损，可以使甲基丙烯酸甲酯与苯乙烯等单体共聚来改善耐磨性。

有机玻璃是通过甲基丙烯酸甲酯的本体聚合制备的。甲基丙烯酸甲酯的密度 ($0.94g/cm^3$) 小于聚合物的密度，在聚合过程中出现较为明显的体积收缩。为了避免体积收缩和有利于散热，工业上往往采用二步法制备有机玻璃。在过氧化苯甲酰 (BPO) 引发下，甲基丙烯酸甲酯聚合初期平稳反应，当转化率超过 20% 后，聚合体系黏度增加，聚合速率显著增加。此时应该停止第一阶段反应，将聚合浆液转移到模具中，低温反应较长时间。当转化率达到 90% 以上后，聚合物已经成型，可以升温使单体完全聚合。

三、主要试剂与仪器

试剂：过氧化苯甲酰 (BPO)，甲基丙烯酸甲酯，硅油。
仪器：三颈瓶，冷凝管，温度计，水浴锅，电动搅拌器，玻璃试管。

四、实验步骤

1. 预聚物的制备：准确称量 75mg 的过氧化苯甲酰、50mL 甲基丙烯酸甲酯，混合均匀，加入到配有冷凝管的三颈瓶中，开动电动搅拌器。然后水浴升温至 80～90℃，反应约 30～60min，体系达到一定黏度（相当于甘油黏度的 2 倍，转化率为 7%～15%），停止加热，冷却至室温，使聚合反应缓慢进行。

2. 制棒：取玻璃试管洗净、烘干，在玻璃试管涂上一层硅油作为脱模剂。将上述预聚物浆液缓缓注入试管内，注意排净气泡。待试管灌满后，用牛皮纸密封。将试管口朝上垂直放入烘箱内，于 40℃继续聚合 20h，体系固化失去流动性。再升温至 80℃，保温 1h，而后再升温至 100℃，保温 1h，打开烘箱，自然冷却至室温。除去牛皮纸，小心撬开玻璃试管，可得到透明的有机玻璃棒。

五、思考题

1. 自动加速效应是怎样产生的，对聚合反应有哪些影响？
2. 制备有机玻璃，为什么要先进行预聚合？
3. 工业上采用本体聚合的方法制备有机玻璃有何优点？

实验2 苯乙烯的悬浮聚合

悬浮聚合是依靠激烈的机械搅拌使含有引发剂的单体分散到与单体互不相容的介质中实现的。由于大多数烯类单体只微溶于水或几乎不溶于水，悬浮聚合通常都以水为介质。

悬浮体系是不稳定的，悬浮稳定剂的加入可以帮助单体颗粒在介质中分散。工业上常用的悬浮聚合稳定剂有明胶、羟乙基纤维素、聚丙烯酰胺和聚乙烯醇等，这类亲水性的聚合物又都被称为保护胶体。另一大类常用的悬浮稳定剂是不溶于水的无机物粉末，如硫酸钡、磷酸钙、氢氧化铝、钛白粉、氧化锌等，其中工业上生产聚苯乙烯时采用的一个重要的无机稳定剂是二羟基六磷酸十钙 $[Ca_{10}(PO_4)_6(OH)_2]$，产品的最终用途决定树脂颗粒的大小，悬浮聚合的粒径一般在 $0.01 \sim 5mm$ 之间，用做离子交换树脂的和泡沫塑料的聚合物颗粒的直径小于 $0.1mm$。直径为 $0.2 \sim 0.5mm$ 的树脂颗粒比较适用于模塑工艺。

产品苯乙烯是应用广泛的塑料，具有良好的介电性能，其泡沫塑料作为包装材料防潮防震效果较好。纯品是具有光泽的透明体，也可用本体聚合方法制得。其密度为 $1.04 \sim 1.09g/cm^3$，热变形温度为 $80℃$，软化点温度为 $95 \sim 100℃$，高于 $150℃$ 时分解。

一、实验目的

1. 了解苯乙烯的聚合性能；
2. 掌握悬浮聚合的原理和实验方法。

二、实验原理

不溶于水的单体以小液滴状态悬浮在水中进行的聚合反应叫悬浮聚合。体系中主要有4个组分：单体、引发剂、水和分散剂（悬浮剂）。在悬浮聚合中，单体被分散剂在搅拌下分散在水中，每个小液滴都是一个微型聚合场所，液滴周围的水介质连续相都是这些微型反应器的热传导体。因此尽管每液滴中单体的聚合与本体聚合无异，但整个聚合体系的温度控制还是比较容易的。

单体液体层在搅拌的剪切力作用下分散成小液滴的大小主要由搅拌速率大小决定，因此搅拌速率大小也就决定着产品颗粒的大小。搅拌速率越高，则产品颗粒越细；搅拌速率越低，则产品颗粒直径就偏大。但搅拌速率不能太低，因为悬浮聚合体系中的单体颗粒存在着相互结合形成大颗粒的倾向，特别是随着单体向聚合物的转化，颗粒黏度增大，颗粒间的粘接便越容易。因此实验中自始至终都不能停止搅拌。只有当分散颗粒中单体转化率足够高、颗粒硬度足够大时，黏结的危险才会消失。因此，悬浮聚合条件的选择和控制是十分重要的。

悬浮聚合法的优点是反应体系温度易控制、聚合热易排除、兼有本体聚合和溶液聚合的长处，后处理简单，生产成本低，产物可直接加工。但产品纯度不如本体聚合法高，残留的分散剂等难以除去，影响产品的透明度及介电性能。

若体系中加入部分二乙烯基苯，产品具有交联结构，并有较高的强度和耐溶剂性等，可用做制备离子交换树脂的原料。

三、主要试剂与仪器

试剂：苯乙烯（St），聚乙烯醇（PVA）2％，过氧化苯甲酰（BPO），亚甲基蓝（或硫代硫酸钠），磷酸钙粉末。

仪器：调压器，温度计，水浴锅，三颈瓶，回流冷凝管（球形），电动搅拌器。

四、实验步骤

向装有搅拌器、温度计和回流冷凝管的 250mL 三颈瓶中加入 120mL 蒸馏水、6mL 2％的 PVA 水溶液、200mg 磷酸钙粉末和 1～2 滴 1％亚甲基蓝水溶液。开始升温，并根据粒径的大小，调节搅拌器速率稳定在 300r/min 左右，待瓶内温度升至 85～90℃时，取事先在室温下溶解好的 100mg BPO 的 15.2mL 苯乙烯溶液，倒入反应瓶中，再接着放入 3.3mL 二乙烯基苯倒入反应瓶中。此后应十分注意搅拌速率的稳定。反应 2h 后（无二乙烯基苯，反应时间为 5h），用滴管检查珠子是否已有硬度，珠子发硬以后，升温至 90～95℃，再使聚合持续 0.5h（若无二乙烯基苯，再熟化 2h）。反应结束后倾出上层溶液，用 80～85℃热水洗 3 次，再用冷水洗 3 次，然后过滤，抽干水分。然后放入 60℃烘箱中烘干，称重，用于计算转化率。

五、注意事项

1. 亚甲基蓝为水相阻聚剂，无亚甲基蓝时可用硫代硫酸钠或其他水阻聚剂代替，加入少量磷酸钙粉末可使悬浮体系更稳定一些。

2. 若无二乙烯基苯，也可不用，但需适当延长反应时间。

3. 升温后再加入苯乙烯。否则先加入苯乙烯，必须快速升温。

六、结果的计算和讨论

1. 产品称重，计算转化率。

2. 如有条件，可在显微镜下观察珠子的形态。

七、思考题

1. 加入水相阻聚剂有什么好处？

2. 叙述悬浮聚合特点，并说明它与乳液聚合有何不同之处？

3. 如何控制苯乙烯颗粒大小？

实验3 乙酸乙烯酯的乳液聚合——白乳胶的制备

一、实验目的

1. 了解乳液聚合的特点、配方及各组分所起作用；
2. 掌握聚醋酸乙烯酯胶乳的制备方法及用途。

二、实验原理

单体在水相介质中，由乳化剂分散成乳液状态进行的聚合，称乳液聚合。其主要成分是单体、水、引发剂和乳化剂。引发剂常采用水溶性引发剂。乳化剂是乳液聚合的重要组分，它可以使互不相溶的油-水两相转变为相当稳定难以分层的乳浊液。乳化剂分子一般由亲水的极性基团和疏水的非极性基团构成，根据极性基团的性质可以将乳化剂分为阳离子型、阴离子型、两性型和非离子型四类。当乳化剂分子在水相中达到一定浓度，即到达临界胶束浓度（CMC）值后，体系开始出现胶束。胶束是乳液聚合的主要场所，发生聚合后的胶束称作为乳胶粒。随着反应的进行，乳胶粒数不断增加，胶束消失，乳胶粒数恒定，由单体液滴提供单体在乳胶粒内进行反应。此时，由于乳胶粒内单体浓度恒定，聚合速率恒定。到单体液滴消失后，随乳胶粒内单体浓度的减少而速率下降。

乳液聚合的反应机理不同于一般的自由基聚合，其聚合速率及聚合度可表示如下：

$$R_P = \frac{10^3 N k_p [\text{M}]}{2 N_A}$$

$$\overline{X}_n = \frac{N k_p [\text{M}]}{R_t}$$

式中，N 为乳胶粒数；N_A 是阿伏伽德罗常数。由此可见，聚合速率与引发速率无关，而取决于乳胶粒数。乳胶粒数的多少与乳化剂浓度有关。增加乳化剂浓度，即增加乳胶粒数，可以同时提高聚合速度和分子量。而在本体、溶液和悬浮聚合中，使聚合速率提高的一些因素，往往使分子量降低。所以乳液聚合具有聚合速率快、分子量高的优点。乳液聚合在工业生产中的应用也非常广泛。

醋酸乙烯酯（VAc）的乳液聚合机理与一般乳液聚合相同。采用水溶性的过硫酸盐为引发剂，为使反应平稳进行，单体和引发剂均需分批加入。聚合中常用的乳化剂是聚乙烯醇（PVA）。实验中还常采用两种乳化剂合并使用，其乳化效果和稳定性比单独使用一种好。本实验采用 PVA-1788 和 OP-10 两种乳化剂。

聚醋酸乙烯酯（PVAc）乳胶漆具有水基漆的优点，黏度小，分子量较大，不用易燃的有机溶剂。作为胶黏剂时（俗称白胶），木材、织物和纸张均可使用。

三、主要试剂与仪器

项　　　目	指　标	项　　　目	指　标
乙酸乙烯酯	32mL	冷凝管	1 支
蒸馏水	20mL	搅拌器	1 套
BPO	0.25g	量筒(10mL、50mL、100mL)	各一支
10%聚乙烯醇(1788)水溶液	30mL	烧杯(50mL)	1 个
OP-10①	0.8mL	温度计	2 支
过硫酸钾(KPS)	0.08~0.10g	恒温水浴	1 套
三颈瓶(250mL)	1 个		

① OP-10 为以烷基酚为引发剂合成的环氧乙烷聚合物。

四、实验步骤

先在 50mL 烧杯中将 KPS 溶于 8mL 水中。另在装有搅拌器、冷凝管和温度计的三颈瓶中加入 30mL 聚乙烯醇溶液、0.8mL 乳化剂 OP-10、12mL 蒸馏水、5mL 乙酸乙烯酯和 2mL KPS 水溶液,开动搅拌,加热水浴,控制反应温度为 68~70℃,在约 2h 内由冷凝管上端用滴管分次滴加完剩余的单体和引发剂❶,保持温度反应到无回流时,逐步将反应温度升到 90℃❷,继续反应至无回流时撤去水浴,将反应混合物冷却至 50℃,加入 10% 的 $NaHCO_3$ 水溶液调节体系的 pH 为 2~5,经充分搅拌后,冷却至室温,出料。观察乳液外观,称取 4g 乳液,放入烘箱在 90℃ 干燥,称取残留的固体质量,计算固含量。

$$固含量 = (固体质量/乳液质量) \times 100\%$$

在 100mL 量筒中加入 10mL 乳液和 90mL 蒸馏水搅拌均匀后,静置一天,观察乳胶粒子的沉降量。

五、思考题

1. 乳化剂主要有哪些类型?各自的结构特点是什么?乳化剂浓度对聚合反应速率和产物分子量有何影响?

2. 要保持乳液体系的稳定,应采取什么措施?

---

❶ 单体和引发剂的滴加视单体的回流情况和聚合反应温度而定,当反应温度上升较快、单体回流量小时,需及时补加适量单体,少加或不加引发剂;相反若反应温度偏低,单体回流量大时,应及时补加适量引发剂,而少加或不加单体,保持聚合反应平稳地进行。

❷ 升温时,注意观察体系中单体回流情况,若回流量较大时,应暂停升温或缓慢升温,因单体回流量大时易在气液界面发生聚合,导致结块。

实验4 膨胀计法测定苯乙烯自由基聚合反应速率

化学反应速率可以通过测定体系中任何随反应物浓度呈比例变化的性质来测量。常用的方法有化学分析、光谱、量热、折射率、旋光、沉淀分析等。膨胀计法是测定聚合速度的一种方法，它的依据是单体密度小、聚合物密度大、体积的变化与转化率成正比关系进行测定的。随着聚合反应的进行，聚合反应体系的体积会逐渐收缩，其收缩程度与单体的转化率（P）成正比。如果将聚合反应体系的体积改变范围刚好限制在一根直径很细的毛细管中，则聚合体系体积收缩值的测定灵敏度将大大提高，这就是膨胀计法。本实验是利用膨胀计法测定苯乙烯自由基聚合的反应速率常数。

一、实验目的

1. 掌握膨胀计法测定聚合反应速率的原理和方法；
2. 验证聚合速率与单体浓度的动力学关系式，求得平均聚合速率。

二、实验原理

1. 自由基聚合反应初期动力学

自由基聚合反应在较低转化率时应该满足动力学方程推导的基本条件，这个阶段的聚合反应速率公式为：$R_p = k'_p [M][I]^{1/2}$

表示聚合反应速率与单体浓度 $[M]$ 成正比，与引发剂浓度 $[I]$ 的平方根成正比。在低转化率时还可以假定引发剂浓度基本保持恒定，于是得到下式：$R_p = K[M]$ 将该式积分，则得到：$\ln[M]_0/[M] = Kt$

式中，$[M]_0$ 和 $[M]$ 分别为单体的起始浓度和在时刻 t 的浓度；K 为常数。

对于这样的直线方程，只要在实验中测定不同时刻 t 的单体浓度 $[M]$，即可按照上式计算出对应的 $\ln[M]_0/[M]$ 数值，然后再对 t 作图，如果得到一条直线，则对自由基聚合反应机理及其初期动力学进行了验证，同时由直线的斜率可以得到与速率常数有关的常数 K。

2. 用膨胀计测定聚合反应过程中体系密度变化的原理

如果以 P、ΔV 和 ΔV_∞ 分别代表转化率、聚合反应时的体积收缩值和假定转化率达到 100% 时的体积收缩值（即聚合反应体系能够达到的最大理论收缩值），则 ΔV 正比于 P，即 $P = \Delta V / \Delta V_\infty$。

从开始到 t 时刻已反应的单体量：$P[M]_0 = \Delta V / \Delta V_\infty [M]_0$ t 时刻体系中还未聚合的单体量：

$$[M] = [M]_0 - \Delta V / \Delta V_\infty [M]_0 = (1 - \Delta V / \Delta V_\infty)[M]_0 \tag{1}$$

由于式中 ΔV_∞ 是由聚合物密度、单体密度和起始单体体积确定的定值，所以只需用膨胀计测定不同时刻聚合体系的体积收缩值 ΔV 就可以通过作图或计算得到 $\ln[M]_0/[M]$，并用式(2)计算出实验阶段的平均聚合速度：

$$R_p = ([M]_0 - [M])/\Delta t = \Delta V[M]_0/\Delta V_\infty \Delta t \ [\text{mol}/(\text{s} \cdot \text{L})] \qquad (2)$$

三、主要试剂与仪器

试剂：过氧化苯甲酰（BPO）、苯乙烯（新蒸）。

仪器：膨胀计、恒温水浴（配精密温度计，最小刻度 0.10℃）、配样烧杯、量筒、吸管等。

四、实验步骤

1. 配样：按配方称好取引发剂 200mg，量取单体 20mL，在小烧杯中充分溶解。

2. 装样：将试液从磨口塞处小心倒入膨胀计，使液面处于磨口颈大约一半处，小心盖上磨口塞，注意不得留有气泡！同时使单体液面的高度大约距毛细管最上部刻度的 1~2cm 处。如果液面过高或过低都必须重新装样。注意记下膨胀计的号码和毛细管的内径！

3. 反应：将膨胀计小心夹在试管架上，并将其放入温度已经达到要求的（60±0.1）℃的恒温池中。注意放入的高度以盛有单体的部分刚好浸入水面为宜。当达到平衡时，液面停止上升。注意观察并记录毛细管内液面高度 m，同时开始记录时间（t＝0）。因为加聚反应使体积收缩，每隔 3~5min 记录一次液面高度 n。大约反应 1~2h，转化率可能达到 10%，停止反应。

4. 清洗：反应完成以后立即取出膨胀计，将试液倒入回收瓶，用甲苯清洗两遍，放入烘箱中烘干。

5. 如果实验时间允许，按照相同操作在（70±0.1）℃重复作一次。根据不同温度条件下测得的速率可以验证温度对聚合反应速度的显著影响。

五、数据记录及处理

膨胀计号码及容积：＿＿＿＿＿＿＿＿mL；

毛细管号码及内径：＿＿＿＿＿＿＿＿cm；

毛细管横截面积：＿＿＿＿＿＿＿＿cm²；

膨胀计刻度体积：＿＿＿＿＿＿＿＿cm³；

起始单体体积：＿＿＿＿＿＿＿＿cm³；

完全转化成聚合物的体积：＿＿＿＿＿＿＿＿cm³；

理论体积收缩量 ΔV_∞：＿＿＿＿＿＿＿＿cm³；

理论毛细管高度降低量 h：＿＿＿＿＿＿＿＿cm。

时间 t/min	毛细管高度/cm	收缩高度 Δh/cm	收缩率 $(\Delta h/h)$/%	未收缩率 $(1-\Delta h/h) \times 100\%$	$\lg(1-\Delta h/h)$	$2-\lg(1-\Delta h/h)$

将式（1）、式（2）变换成：$2-\lg(1-\Delta h/h)=1/2.303kt$，再以 $2-\lg(1-\Delta h/h)$ 对时间 t 作图。也可以按照上表直接计算。

六、附注

1. 实验前需对膨胀计的反应瓶体积和毛细管刻度进行校准。并检查活塞是否漏气。如磨口接头沾有聚合物可用纸蘸少量苯将其擦去。

2. 因采用了同一支膨胀计进行两次反应，因而单位时间内液面下降的高度之比也可以看作是它们的聚合速度之比。

七、注意事项

1. 注意膨胀计内的单体不得加得太多，即毛细管内液面不得太高，否则开始升温时单体膨胀将溢出毛细管；也不能加得太少，否则当实验尚未测完数据时毛细管内的液面已经低于刻度，无法读数。

2. 装料时必须保证膨胀计内无气泡，为此必须注意两点：第一，单体加入量需略多于实际容积，让瓶塞将多余的单体压出来；第二，在盖瓶塞时需倾斜着将塞子靠在瓶口的下侧慢慢塞入，让气泡从瓶口的上侧被单体压出。此时烧杯置于下面收集滴漏的单体。

八、 思考题

1. 影响本实验结果准确度的主要因素有哪些？

2. 能否用同一反应试样作完 60℃ 温度以后，继续升温到 70℃ 再测定一组数据，而不必按照讲义上规定的重新装料？如果可以，试分析注意事项并比较两组数据的准确性。

实验5 环氧树脂的制备

环氧树脂是指含有环氧基的聚合物。环氧树脂的品种有很多,常用的如环氧氯丙烷与酚醛缩合物反应生成的酚醛环氧树脂;环氧氯丙烷与甘油反应生成的甘油环氧树脂;环氧氯丙烷与二酚基丙烷(双酚A)反应生成的二丙烷环氧树脂等。环氧氯丙烷是主要单体,它可以与各种多元酚类、多元醇类、多元胺类反应,生成各类型环氧树脂。环氧树脂根据它的分子结构大体可以分为5大类型:缩水甘油醚类、缩水甘油酯类、缩水甘油胺类、线型脂肪族类、脂环族类。

环氧树脂具有许多优点:①黏附力强,在环氧树脂中有极性的羟基、醚基和极为活性的环氧基存在,使环氧树脂分子与相邻界面产生了较强的分子间作用力,而环氧基团则与介质表面,特别是金属表面的游离键起反应,生成化学键,因而环氧树脂具有很高的黏附力,用途很广,商业上称为"万能胶";②收缩率低、尺寸稳定性好,环氧树脂和所用的固化剂的反应是通过直接合成来进行的,没有水或其他挥发性产物放出,因而其固化收缩率很低,小于2%,比酚醛、聚酯树脂还要小;③固化方便,固化后的环氧树脂体系具有优良的力学性能;④化学稳定性好,固化后的环氧树脂体系具有优良的耐碱性、耐酸性和耐溶剂性;⑤电绝缘性能好,固化后的环氧树脂体系在宽广的频率和温度范围内具有良好的电绝缘性能。所以环氧树脂用途较为广泛,环氧树脂可以作为胶黏剂、涂料、层压材料、浇铸、浸渍及磨具材料等使用。

一、实验目的

1. 掌握双酚A型环氧树脂的实验室制法;
2. 掌握及环氧值测定方法及计算;
3. 了解环氧树脂的实用方法和性能。

二、实验原理

2-3、2-4官能度以上多官能团体系单体进行缩聚时,先形成可溶可熔的线型或支链低分子树脂,反应如继续进行,形成体型结构,成为不溶不熔的热固性树脂。体型聚合物由交联将许多低分子以化学键连成一个整体,所以具有耐热性和尺寸稳定性能的优点。

体型缩聚也遵循缩聚反应的一般规律,具有"逐步"的特性。以2-3、2-4官能度体系的缩聚反应如酚醛、醇酸树脂等在树脂合成阶段,反应程度应严格控制在凝胶点以下。

以2-2官能度为原料的缩聚反应先形成低分子线型树脂(即结构预聚物),分子量约数百到数千,在成型或应用时,再加入固化剂或催化剂交联成体型结构。属于这类的有环氧树脂、聚氨酯泡沫塑料等。其中双酚A型环氧树脂产量最大,用途最广,有通用环氧树脂之称。它是环氧氯丙烷和二羟基二苯基丙烷(双酚A)在氢氧化钠(NaOH)的催化作用下不断地进行开环、闭环得到的线型树脂。如下式所示:

式中，n 一般在 $0\sim12$ 之间，相对分子质量相当于 $340\sim3800$，$n=0$ 时为淡黄色黏滞液体，$n\geqslant2$ 时则为固体。n 值的大小由原料配比（环氧氯丙烷和双酚 A 的摩尔比）、温度条件、氢氧化钠的浓度和加料次序来控制。

环氧树脂黏结力强，耐腐蚀、耐溶剂、抗冲性能和电性能良好，广泛用于黏结剂、涂料、复合材料等。环氧树脂分子中的环氧端基和羟基都可以成为进一步交联的基团，胺类和酸酐是使其交联的固化剂。乙二胺、二亚乙基三胺等伯胺类含有活泼氢原子，可使环氧基直接开环，属于室温固化剂。酐类（如邻苯二甲酸酐和马来酸酐）作固化剂时，因其活性较低，须在较高的温度（$150\sim160℃$）下固化。

三、主要试剂与仪器

试剂：双酚 A 化学纯，环氧氯丙烷化学纯，NaOH 30%（质量）溶液，甲苯化学纯，蒸馏水，盐酸（分析纯）。

仪器：三口瓶，冷凝管，滴液漏斗，分液漏斗，蒸馏瓶，量筒，抽滤瓶、真空泵。

四、实验步骤

称量 22.5g 双酚 A 于三口瓶内，再量取环氧氯丙烷 24mL(28g，0.3mol)，倒入 250mL 三口瓶内，装上搅拌器、滴液漏斗、回流冷凝管及温度计，开动搅拌（图1）。升温到 55℃，待双酚 A 全部溶解成均匀溶液后，将 20mL 30%（质量）NaOH 溶液置于 50mL 滴液漏斗中，自滴液漏斗慢慢滴加氢氧化钠溶液至三颈瓶中（开始滴加要慢些，环氧氯丙烷开环是放热反应，反应液温度会自动升高）。保持温度在 $60\sim65℃$，约 1.5h 内滴加完毕。然后在 90℃继续反应 1.5h 后停止，在搅拌下用 25%稀盐酸中和反应液至中性（注意充分搅拌，使中和完全）。倾入 30mL 蒸馏水、60mL 甲苯，充分搅拌成溶液，趁热倒入分液漏斗中，静止分层，除去水层。再用去离子水洗涤数次至水相中无 Cl^-（用 $AgNO_3$ 检验）。分出有机层，加热，开动真空泵减压蒸馏以除去萃取液甲苯及未反应的环氧氯丙烷（图2）。注意馏出速度，控制最终温度不超过110℃，得到淡黄色透明树脂。

五、环氧值的测定方法

环氧值是指每 100g 树脂中含环氧基的当量数，它是环氧树脂质量的重要指标之一。也是计算固化剂用量的依据。分子量愈高，环氧值就相应降低，一般低分子量环氧树脂的环氧值在 $0.48\sim0.57$ 之间。

相对分子质量小于1500的环氧树脂，其环氧值测定用盐酸-丙酮法，反应式为：

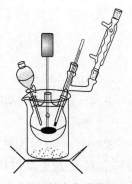

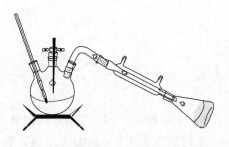

图 1　环氧树脂合成装置示意　　　　　　　图 2　环氧树脂减压蒸馏装置示意

称 1g 左右树脂，放入 150mL 的磨口锥形瓶中，用移液管加入 25mL 丙酮盐酸溶液，微微加热，加塞摇晃使树脂充分溶解后，放置 1h。冷却后以酚酞作指示剂，用 0.1mol/L 氢氧化钠溶液滴定。按上述条件做空白实验两次。

环氧值（当量/100g 树脂）E 按下式计算：

$$E = \frac{(V_0 - V_2)N}{1000W} \times 100 = \frac{(V_0 - V_2)N}{10W}$$

式中，V_0 为空白滴定所消耗 NaOH 的溶液体积，mL；V_2 为样品测试所消耗 NaOH 的溶液体积，mL；N 为 NaOH 溶液的当量浓度；W 为树脂质量，g。

六、参考说明

环氧树脂所含环氧基的多少除用环氧值表示外，还可用环氧百分含量或环氧当量表示。

环氧基百分含量，每 100g 树脂中含有的环氧基质量（g）。

环氧当量，相当于一个环氧基的环氧树脂质量（g），三者之间有如下互换关系：

$$环氧值 = \frac{环氧基百分含量}{环氧基分子量} = \frac{1}{环氧当量}$$

七、黏结试验

1. 分别准备两小块木片和铝片。木片用砂纸打磨擦净，铝片用酸性处理液（10 份 $K_2Cr_2O_7$ 和 50 份浓 H_2SO_4、340 份 H_2O 配成）处理 10～15min。取出用水冲洗后晾干。

2. 用干净的表面皿称取 4g 环氧树脂，加入 0.3g 乙二胺，用玻璃棒调匀，分别取少量均匀涂于木片或铝片的端面约 1cm 范围内，对准胶合面合拢，压紧，放置待固化后观察黏结结果。通过剪切实验，可定量地测定黏结效果。

八、结果的计算和讨论

线型环氧树脂外观为黄色至青铜色的黏稠液体或脆性固体，易溶于有机溶剂中。未加固化剂的环氧树脂有热塑性，可长期贮存而不变质。其主要常数是环氧值，固化剂的用量与环氧值成正比，固化剂的用量对成品的力学性能影响很大，必须控制适当。

九、思考题

1. 合成环氧树脂的反应中，若 NaOH 的用量不足，将对产物有什么影响？
2. 环氧树脂的分子结构有何特点？为什么环氧树脂具有良好的黏结性能？
3. 为什么环氧树脂使用时必须加入固化剂？固化剂的种类有哪些？
4. 通常环氧树脂有五大类，就学过的知识，请你设计一种耐高温的环氧树脂。

实验6 溶液聚合——聚醋酸乙烯酯的合成

一、实验目的

掌握溶液聚合的特点，增强对溶液聚合的感性认识。同时通过实验了解聚醋酸乙烯酯的聚合特点。

二、实验原理

溶液聚合一般具有反应均匀、聚合热易散发、反应速度及温度易控制、分子量分布均匀等优点。在聚合过程中存在向溶剂链转移的反应，使产物分子量降低。因此，在选择溶剂时必须注意溶剂的活性大小。各种溶剂的链转移常数变动很大，水为零，苯较小，卤代烃较大。一般根据聚合物分子量的要求选择合适的溶剂。另外还要注意溶剂对聚合物的溶解性能，选用良溶剂时，反应为均相聚合，可以消除凝胶效应，遵循正常的自由基动力学规律。选用沉淀剂时，则成为沉淀聚合，凝胶效应显著。产生凝胶效应时，反应自动加速，分子量增大，劣溶剂的影响介于其间，影响程度随溶剂的优劣程度和浓度而定。

本实验以甲醇为溶剂进行醋酸乙烯酯的溶液聚合。根据反应条件的不同，如温度、引发剂量、溶剂等的不同可得到相对分子质量从 2000 到几万的聚醋酸乙烯酯。聚合时，溶剂回流带走反应热，温度平稳。但由于溶剂引入，大分子自由基和溶剂易发生链转移反应使分子量降低。

聚醋酸乙烯酯适于制造维尼纶纤维，分子量的控制是关键。由于醋酸乙烯酯自由基活性较高，容易发生链转移，反应大部分在醋酸基的甲基处反应，形成链或交链产物。除此之外，还向单体、溶剂等发生链转移反应。所以在选择溶剂时，必须考虑对单体、聚合物、分子量的影响，而选取适当的溶剂。

温度对聚合反应也是一个重要的因素。随温度的升高，反应速度加快，分子量降低，同时引起链转移反应速度增加，所以必须选择适当的反应温度。

三、实验仪器

夹套釜（500mL），搅拌器，变压器超级恒温槽，导电表，量筒 10mL，50mL 各 1 只，冷凝管，温度计（0~100），瓷盘，液封（聚四氟乙烯），搅拌桨（不锈钢）。

四、实验药品

醋酸乙烯酯（VAC）新鲜蒸馏［BP(沸点)＝73℃］60mL；甲醇，化学纯（BP＝54~65℃)60mL；过氧化二碳酸二环己酯（DCPD）（重结晶）0.2g。

五、实验步骤

1. 在装有搅拌器的干燥而洁净的 500mL 夹套釜上，装一球形冷凝管。

2. 将新鲜蒸馏的醋酸乙烯酯 60mL，0.2g DCPD 以及 10mL 甲醇依次加入夹套釜中。在搅拌下加热，使其回流，恒温槽温度控制在 64~65℃（注意不要超过 65℃），反应 2h。观察反应情况，当体系很黏稠，聚合物完全粘在搅拌轴上时停止加热，加入 50mL 甲醇，再搅拌10min，待黏稠物稀释后，停止搅拌。然后，将溶液慢慢倒入盛水的瓷盘中，聚醋酸乙烯酯呈薄膜析出。放置过夜，待膜面不粘手，将其用水反复冲洗，晾干后剪成碎片，留作醇解所用。

六、思考题

1. 溶液聚合的特点及影响因素？
2. 如何选择溶剂，实验中甲醇的作用？

实验7 氧化还原体系引发有机溶剂中苯乙烯聚合

一、实验目的

通过氧化还原体系引发有机溶剂中苯乙烯聚合实验，了解单体浓度对聚合反应速度的影响，掌握氧化还原体系引发有机溶剂中苯乙烯聚合的方法。

二、实验原理

氧化还原体系引发有机溶剂中苯乙烯聚合是按自由基机理进行的均相聚合反应。氧化还原反应所产生的自由基引发烯类单体的聚合。20 世纪 30～40 年代，在德国、美国、英国先后发现氧化还原聚合，当时为了缩短水溶液和乳液聚合反应的诱导期而加入还原剂，结果不仅缩短了诱导期，也提高了聚合速率。以后就将由氧化剂和还原剂组成的引发体系叫做氧化还原引发体系。由于氧化剂和还原剂之间的单电子转移引起氧化还原反应而产生自由基，这样既可以降低过氧化物的分解活化能，在较低温度（如零度至室温）条件下引发单体聚合，也可以增加过氧化物的分解速率，从而增加聚合速率。因此，氧化还原聚合具有聚合温度低和聚合速率快两个优点。

过氧化氢类与金属铁盐组成的引发体系是一种常用的引发体系，过氧化氢的分解活化能 E_a 很高，为 54kcal/mol（1kcal＝4.184kJ），不适合单独作引发剂。过氧化氢和金属盐的引发体系，如 H_2O_2-Fe^{2+} 体系（又称芬顿试剂）的分解活化能低，为 9.4kcal/mol，因此可以在室温下引发丙烯腈水溶液聚合：$HO—OH \longrightarrow HO· + ·OH \quad E_a＝54kcal/mol$，$HO—OH+Fe^{2+} \longrightarrow HO·+OH^- + Fe^{3+} \quad E_a＝9.4kcal/mol$。

有机过氧化氢物如异丙苯过氧化氢 CHP、对异丙基异丙苯过氧化氢 IPCHP、PMHP 分别与亚铁盐组成的氧化还原引发体系，都可用做低温丁苯乳液聚合的引发剂。随着过氧化氢物的不同，下列引发剂所引发的聚合速率相应递减：

$$(CH_3)_2COOH \qquad (CH_3)_2COOH \qquad (CH_3)_2COOH$$

PMHP ≈ IPCHP > CHP

过氧化氢物在亚铁离子存在下，其分解活化能比过氧化氢物单独分解的活化能大大降低：

$$E_a＝30kcal/mol$$

$$E_a＝12kcal/mol$$

氧化还原聚合引发速率和转化率 氧化还原聚合引发速率 R_i 和引发剂的两个组分的浓度成正比：$R_i = k_d[氧化剂][还原剂]$。

式中，k_d 为分解反应速率常数。如果氧化还原分解产生的两个初级自由基都引发单体聚合，则要乘以 2，如果只有一个自由基引发就不必乘以 2。

聚合速率是由引发速率 R_i（最慢的一步）所决定的，因而 R_i 快则聚合速率 R_p 也快。虽然提高引发体系的任何一个组分的浓度，都可以提高引发速率，也就是提高聚合速率，但对聚合最终转化率的影响则不相同。一般，最好是用过量的过氧化物，使：

$$\frac{过氧化物}{还原剂} \geqslant 1$$

如果还原剂用量过多，则它会与初级自由基反应，所以过量的还原剂起缓聚或阻聚作用，反而使聚合转化率下降。过量的 Fe^{2+} 与初级自由基可发生以下副反应：一般的氧化还原引发体系的配方中，氧化剂用量为单体的 $0.1\% \sim 1.0\%$，而还原剂用量为 $0.05\% \sim 0.1\%$，使过氧化物和还原剂的摩尔配比总是 $\geqslant 1$。此外，不同的还原剂组分也会影响转化率，因此要选择较好的组分来组成氧化还原引发体系。

三、实验药品

苯甲酸铁，三乙酰基丙酮铁，过氧化苯甲酰，苯，苯偶姻。

四、实验步骤

将 3 个带有合适接头的 10mL 圆底烧瓶抽空、充氮 3 次。在一个烧瓶中放 0.3mg 苯甲酸铁，在另一个中放 0.3mg 三乙酰基丙酮铁。向这两个烧瓶中各加 12.1mg（5×10^{-5} mol）过氧化苯甲酰溶于 0.5mL 干燥苯（在氮气下蒸馏过）的溶液和 10.6mg 苯偶姻（5×10^{-5} mol）溶于 1.5mL 苯的溶液。在第三个烧瓶中只加入溶有 12.1mL 过氧化苯甲酰的 0.5mL 干燥苯溶液。在氮气流下，向每个烧瓶用移液管加入 1.1mL（10^{-2} mol）干燥的除去稳定剂的苯乙烯。把瓶中物用苯稀释到约 5mL。在氮气略为正压下，移去接头，换上磨口玻璃塞，以弹簧固定着。在 50℃下 4h 后，将每一个反应混合物在搅拌下滴加到 50mL 甲醇中以终止聚合。用烧结玻璃漏斗过滤，并在 50℃下真空干燥后，测定每个聚合物样品的转化率、黏度值（苯中，20℃）和聚合度。

五、思考题

1. 氧化还原引发体系有哪几类？
2. 氧化还原引发体系与常规自由基引发体系相比有何优点？

一、实验目的

1. 掌握以己二胺与己二酰氯进行界面缩聚方法制备尼龙-66 的方法；
2. 了解缩聚反应的原理。

二、实验原理

双功能基单体 a-A-a，b-B-b 缩聚生成的高聚物的分子量主要受到以下几方面因素的影响。

① a-A-a，b-B-b 的物质的量比，其定量关系可表示为：

$$\overline{DP} = \frac{100}{q}$$

式中，$\overline{DP}$ 为缩聚物的平均聚合度，q 为 a-A-a，（或 b-B-b）过量的摩尔百分数。

② a-A-a 以 b-B-b 反应的程度。若两单体等物质的量，此时反应程度 p 与缩聚物分子量的关系为：

$$\overline{X}_n = \frac{1}{1-p}$$

式中，$\overline{X}_n$ 为以结构单元为基准的数均聚合度，p 为反应程度即功能基反应的百分数。

③ 缩聚反应本身的平衡常数。若 a-A-a、b-B-b 等物质的量，生成的高聚物分子量与 a-A-a、b-B-b 反应的平衡常数 K 的关系为：

$$\overline{X}_n = \sqrt{K/[ab]}$$

界面缩聚是缩聚反应的特殊实施方式：将两种单体分别溶解于互不相溶的两种溶剂中，然后将两种溶液混合，聚合反应只发生在两相溶液的界面。界面聚合要求单体有很高的反应活性，例如己二胺与己二酰氯制备尼龙-66 是实验室常用的方法，其反应特征为：己二胺的水溶液为水相（上层），己二酰氯的四氯化碳溶液为有机相下层；两者混合时，由于氨基与氯的反应速率常数很高，在相界面上马上就生成聚合物薄膜。

$$n\text{ClOC}(\text{CH}_2)_4\text{COCl} + n\text{H}_2\text{N}(\text{CH}_2)_6\text{NH}_2 \xrightarrow{\text{NaOH}} \left[\text{CO}(\text{CH}_2)_4\text{CONH}(\text{CH}_2)_6\text{NH}\right]_n$$

三、主要试剂与仪器

试剂：己二酸，二氯亚砜，己二胺，无水乙醇，高纯氮，硝酸钾，亚硝酸钠。

仪器：圆底烧瓶两个（50mL）回流冷凝管一个，氯化钙干燥管一支，氯化氢气体吸收装置，带侧管的试管，600W 电炉，石棉，360℃温度计，烧杯，锥形瓶。

四、实验步骤

1. 己二酰氯的合成

$$HOOC(CH_2)_4COOH \xrightarrow{SOCl_2} ClOC(CH_2)_4COCl$$

（1）在装有回流冷凝管的圆底烧瓶内（回流冷凝管上方装有氯化钙干燥管），后接有氯化氢吸收装置。加入己二酸 10g 及二氯亚砜 20mL，并加入两滴 DMF，即有大量气体生成，加热回流反应 2h 左右，直至没有氯化氢气体放出。

（2）将回流装置改为蒸馏装置，首先在常压下利用温水浴，将过剩的二氯亚砜蒸馏出。

（3）减压蒸馏，将己二酰氯蒸馏出。

2. 尼龙-66 的合成。

（1）安装好装置。

（2）将己二胺 4.64g 及氢氧化钠 3.2g 放入 250mL 的烧杯中，加水 100mL 溶解。（标记为 A 杯，注意使水温保持在 10～20℃）。

（3）己二酰氯 3.66g 放入干燥的另一个 250mL 烧杯中，加入精制过的四氯化碳 100mL 溶解（标记为 B 杯，注意使水温保持在 10～20℃）。

（4）然后将 A 杯中的溶液沿着玻璃棒徐徐倒入 B 杯内。立即在两界面上形成了半透明薄膜，此即为聚己二酰胺（尼龙-66）。

（5）用玻璃棒小心将界面处的薄膜拉出，并缠绕在玻璃棒上，直至己二酰氯反应完毕。也可以使用导轮，借着重力，观察具有弹性丝状的尼龙-66 连续不断地被拉出。

（6）生成的丝以 3％的盐溶液洗涤，再用去离子水洗涤至中性，然后真空干燥至恒重。

五、思考题

比较界面缩聚及其他缩聚反应的不同。

实验9 耐热型聚酰亚胺的合成

一、实验目的

了解和掌握聚酰亚胺的低温缩合聚合的合成方法，对聚酰亚胺这类功能高分子的合成有所了解。

二、实验原理

聚酰亚胺（polymide，简写为 PI）是指大分子主链含有酰亚胺（ $-\overset{O}{\overset{\|}{C}}-N-\overset{O}{\overset{\|}{C}}$ ）的聚合物，可分为脂肪族和芳香族两大类，但因为脂肪族 PI 在性能上无特殊之处，实用价值不高，因面目前所说的聚酰亚胺多为芳香族聚酰亚胺，其结构通式为：

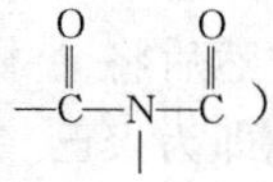

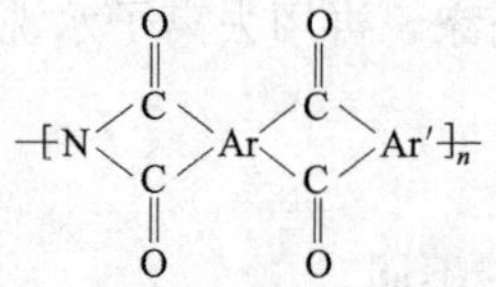

$$\left[\!N\!\begin{array}{c}O\\\|\\\\\|\\O\end{array}\!Ar\!\begin{array}{c}O\\\|\\\\\|\\O\end{array}\!Ar'\right]_{n}$$

式中，Ar 代表二酐中的芳基，Ar′代表二胺中的芳基，但也有二酐中不含芳基的聚酰亚胺，如聚双马来酰亚胺。

1959 年，美国杜邦公司首先报道了用多种四羧酸二酐和芳基二胺合成聚酰亚胺的专利，并于 1961 年正式实现了聚酰亚胺薄膜和漆的工业化。聚酰亚胺是一种耐高温、高强度、高绝缘性的工程塑料。聚酰亚胺的合成方法有一步法、二步法、三步法和气相沉积法。通常采用的方法为二步法：第一步为芳族二元酸酐与芳族二元胺在极性有机溶剂中合成聚酰胺酸；第二步为聚酰胺酸经热转化法或化学转化法脱水环化形成聚酰亚胺。

本实验采用均苯四甲酸二酐与 4,4′-二氨基二苯醚合成均苯型聚酰亚胺，反应分两步完成。

1. 缩聚反应

该反应是在强极性溶剂二甲基甲酰胺和低温下进行，反应得到聚酰胺酸反应式为：

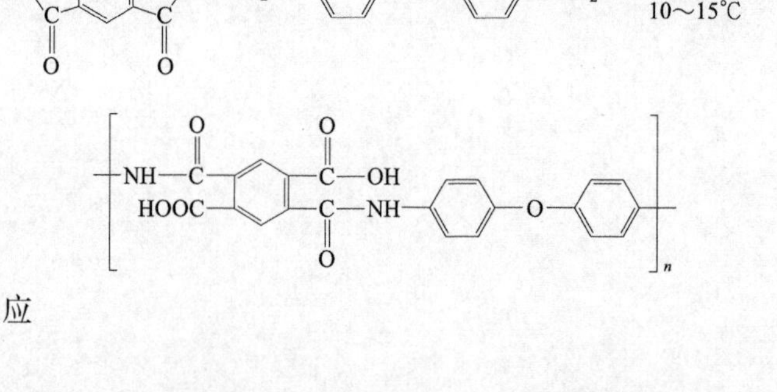

2. 酰亚胺化反应

酰亚胺化反应可采用热转化法或化学转化法。热转化法是将聚酰胺酸先除去溶剂以制成粉末或直接流涎成为薄膜，然后在惰性气体的保护下或真空中加热至 300～450℃处理 1h，使聚酰胺酸完成分子内脱水环化，生成聚酰亚胺。化学转化法是将脱水剂如醋酸酐、丙酸酐等与催化剂直接加入到聚酰胺酸溶液中进行环化脱水。酰亚胺化的反应式为：

三、主要试剂与仪器

实验试剂：均苯四甲酸二酐（PMDA，使用前于 130～140℃烘箱中干燥 3～5h，随后降温至 40～50℃并保持在烘箱中备用）、4,4'-二氨基二苯醚（ODA，使用前于 130～140℃烘箱中干燥 3～5h，随后降温至 40～50℃并保持在烘箱中备用）、二甲基乙酰胺（DMAc，新蒸）。

实验仪器：磁力搅拌器、150mL 三口烧瓶、温度计。

四、实验步骤

1. 聚酰胺酸（PPA）的合成：在装有磁力搅拌器、温度计的 100mL 三口烧瓶中加入 15mL 的 DMAc，称取 2.0g（约 0.0101mol）ODA 溶解于 DMAc 溶剂中，于室温下（控制温度不超过 20℃）开始搅拌，待完全溶解后，分批次向其中加入 PMDA 2.20g（0.0101mol）PDMA，反应体系颜色由深变浅，但总体趋势是溶液颜色由浅变深，黏度由慢至快地增加，尤其是靠近等当量点时，黏度突然变大，搅拌出现爬杆现象。加完 PMDA 之后，室温条件下搅拌 5～6h，然后水浴升温到 60℃左右，至爬杆现象消失，冷却到室温得黏稠的淡黄色聚酰胺酸（PPA）溶液，可加入适当 DMAc 溶剂，使其稀释到合适黏度。

2. PI 薄膜的制备：直接将 PAA 溶液用玻璃棒均匀地涂覆在干净的载玻片上，放入烘箱，在 170℃下烘 1h，然后升温到 260℃烘 1h，再升温到 350℃左右烘 1h，环化脱水后得到黄铜色的 PI 薄膜。PI 薄膜的耐热性及玻璃化转变温度可通过差热分析（DSC）和热失重（TG）来表征。

五、思考题

1. 如果所用的试剂不通过干燥和重蒸处理，对聚酰胺酸的合成会有何影响？
2. 在聚酰胺酸的合成过程中，为什么要在较低的温度下进行？

实验10 聚氨酯泡沫塑料的合成

一、实验目的

1. 了解制备聚氨酯泡沫塑料的反应原理;
2. 了解醇酸缩聚反应的特点,合成聚氨酯泡沫塑料。

二、实验原理

凡是主链上交错出现 $-NHC-O-$ 基团的高分子化合物,通称为聚氨酯。聚氨酯泡沫塑料是由含羟基的聚醚或聚酯树脂、异氰酸酯、催化剂、水、表面活性剂及其他助剂共同反应生成的。

聚氨酯泡沫塑料中主要原料的作用如下。①二异氰酸酯类,而异氰酸酯类是生成聚氨酯的主要原料。采用最多的是甲苯二异氰酸酯。甲苯二异氰酸酯有 2,4-和 2,6-两种同分异构体,前者活性大,后者活性小,故常用此两种异构体的混合物。②聚酯或聚醚。聚酯或聚醚是生成聚氨酯的另一种主要原料,聚酯通常都是分子末端带有醇基的树脂,一般由二元羧酸和多元醇制成。聚氨酯泡沫塑料制品的柔软性可由聚酯或聚醚的官能团数和相对分子数和相对质量来调节,即控制聚合物分子中支链的密度。③催化剂根据泡沫塑料的生产要求,必须使发泡反应完成时泡沫网络的强度足以使气泡稳定地包裹在内,这可由催化剂来调节。生产中主要的催化剂是叔胺类化合物和有机锡化合物。叔胺类化合物对异氰酸酯与醇基和异氰酸酯与水的两种化学反应都由催化能力,而金属有机化合物对异氰酸酯与醇基的反应特别有效。因此,通常将两种催化剂混合使用。④发泡剂,聚氨酯泡沫塑料的发泡剂是异氰酸酯与水作用生成的二氧化碳。⑤表面活性剂,生产时为了降低发泡液体的表面张力使成泡容易和泡沫均匀,又使水能聚酯或聚醚均匀混合,常须在原料中加入少量的表面活性剂。常用的表面活性剂有水溶性硅油、磺化脂肪醇、磺化脂肪酸及其他非离子型表面活性剂等。⑥其他助剂,为了提高聚氨酯泡沫塑料的质量常需要加入某些特殊的助剂,如为提高机械强度加入铝粉;为降低收缩率而加入粉状无机填料;为提高柔软性而加入增塑剂;为增加美观色泽而加入各种颜料等。

反应式为:

$$n\text{OCN}-\text{R}'-\text{NCO} + n\text{HO}-\text{R}-\text{OH} \longrightarrow$$
$$\text{HOR}\overline{[}\text{OCON}-\text{R}'-\text{NHOCOR}-\text{O}\overline{]}_n\text{CONHR}'\text{NCO}\sim\sim\sim\text{N}=\text{C}=\text{O} + \text{H}_2\text{O} \longrightarrow$$
$$\sim\sim\sim\text{NHCOOH} \longrightarrow \sim\sim\sim\text{NH}_2 + \text{CO}_2\uparrow$$

这个反应是按逐步聚合反应历程进行的。但它又具有加成反应不析出小分子的特点,因此又称为"聚加成反应"。

三、主要试剂与仪器

试剂:三羟基聚醚树脂,甲苯二异氰酸酯(水分不大于 0.1%,纯度 98%,异构比为

65/35 或 80/20），三乙烯二胺（纯度 98％），二月桂酸二丁基锡，硅油，蒸馏水。

仪器：烧杯，纸匣、玻璃棒。

四、实验步骤

1. 在 1 号烧杯中加入 0.1g 三乙烯二胺，在 0.2g 水和 10g 三羟基聚醚中。

2. 在 2 号烧杯中依次加入 25g 三羟基聚醚、10g 甲苯二异氰酸酯和 0.1g 二月桂酸二丁基锡搅拌均匀，可观察到有反应热放出。

3. 在 1 号烧杯中加入 0.1～0.2g 硅油，搅拌均匀后倒入 2 号烧杯，搅拌均匀。当反应混合物变稠后，将其倒入纸盒中。

4. 在室温下放置 0.5h 后，放入约 70℃的烘箱中加热 0.5h，即可得到一块白色的软质聚氨酯泡沫塑料。

五、注意事项

甲苯二异氰酸酯为剧毒药品，在使用时应注意防护，在通风橱内进行量取。注意尽量不要洒出，洒出的异氰酸酯可用 5％的氨水处理。

六、实验现象分析与讨论

七、思考题

1. 写出制备聚氨酯泡沫塑料的主要反应式。
2. 醇酸缩聚的特点是什么？实验过程中是如何体现的。
3. 上述实验中各组分的作用是什么？
4. 若生产中使用大量过量的水，对泡沫塑料有何影响？

实验11 聚己二酸乙二醇酯的制备

一、实验目的

1. 本实验通过改变聚己二酸乙二醇酯制备的反应条件，了解其对反应程度的影响；
2. 运用 Carothers 方程来控制缩聚反应的分子量，加深对缩聚反应分子量控制的理解；
3. 加深理解逐步聚合反应的机理，掌握缩聚物相对平均分子质量的影响因素及提高相对平均分子质量的方法。

二、实验原理

线性缩聚反应的特点是单体的双官能团间相互反应，同时析出副产物，在反应初期，由于参加的官能团数目较多，反应速度较快，转化率较高，单体间相互形成二聚体、三聚体、最终生成高聚物。

影响聚酯反应程度和平均聚合度的因素，除单体结构外，还与反应条件如配料比、催化剂、反应温度、反应时间、去水程度有关。配料比对反应程度和分子量的影响很大，体系中任何一种单体过量都会降低反应程度；采用催化剂可大大加快反应速度；提高温度也能加快反应速度，提高反应程度，同时促使反应产生的低分子产物尽快离开反应体系，使平衡向着有利于生产高聚物的方向移动。另外，反应未达平衡前，延长反应时间亦可提高反应程度和分子量。本实验由于试验设备、反应条件和时间的限制，不能获得较高分子量的产物，只能通过测定反应程度了解缩聚反应的特点及其影响因素。

在聚合过程中反应程度的监测是实验的重要步骤，可以采用羟基滴定法或羧基滴定法测定反应体系各残留功能团的含量，进一步求得产物的数均分子量，并与设计值比较。合成结束后，产物经必要的纯化和干燥，用气相渗透法（VPO）准确测定分子量。

聚酯反应体系中由于单体己二酸上由羧基官能团存在，因而在聚合反应中有小分子水排出。

$$nHO(CH_2)_2OH + nHOOC(CH_2)_4COOH \longrightarrow$$
$$H[O(CH_2)_2OOC(CH_2)_4CO]_nOH + (2n-1)H_2O$$

通过测定反应过程中的酸值变化或出水量来求得反应程度，反应程度计算公式如下：

$$p = t \text{ 时刻出水量/理论出水量 } i$$
$$p = (\text{初始酸值} - t \text{ 时刻酸值})/\text{初始酸值}$$

在配料比严格控制在官能团等物质的量时，产物的平均聚合度与反应程度的关系如下式所示，据此可求得平均聚合度和产物分子量。

$$X_n = 1/(1-p)$$

在本实验中，外加对甲苯磺酸催化，催化剂浓度可视为基本不变（即 $[H^+]$ 为一常数），因此该反应为二级，其动力学关系为：

$$-dc/dt = k[H^+]c^2 = Kc^2$$

积分代换得：

$$X_n = 1/(1-p) = Kc_0t + 1 \qquad (1)$$

式中，t 为反应时间，min；c_0 为反应开始时每克原料混合物中羧基或羟基的浓度，mmol/g；K 为该反应条件下的反应速度常数，g/(mmol·min)。

根据式(1)，当反应程度达 80% 以上时，即可以 X_n 对 t 作图求出 k，验证聚酯外加酸的二级反应动力学。

三、主要试剂与仪器

试剂：

名　称	试　剂	规　格	用　量
单体	己二酸	CP	1/3mol
单体	乙二醇	CP	1/3mol
催化剂	对甲苯磺酸	CP	60mg

其他包括乙醇-甲苯（1:1）混合溶剂，酚酞，0.1mol/L 的 KOH 水溶液，工业酒精。

仪器：聚合装置一套（包括 250 三口烧瓶一只，电动搅拌器一套，冷凝管一只，0～300℃温度计一只，锅式电炉一套，分水器，毛细管，干燥管，如图 1 所示）；真空抽排装置一套（包括水泵一台，安全瓶一个），250mL 锥形瓶若干，20mL 移液管，碱式滴定管，量筒。

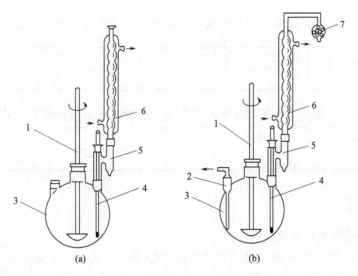

图 1　己二酸乙二醇酯的聚合装置

1—搅拌器；2—毛细管；3—三口瓶；4—温度计；5—分水器；6—冷凝管；7—干燥管

四、实验步骤

1. 按图 1(a) 安装好实验装置，为保证搅拌速度均匀，整套装置安装要规范。

2. 向三口瓶中按配方顺序加入己二酸、乙二醇和对甲苯磺酸，充分搅拌后，取约 0.5g 样品（第一个样）用分析天平准确称量，加入 250mL 锥形瓶中，再加入 15mL 乙醇-甲苯（1:1）混合溶剂，样品溶解后，以酚酞作指示剂，用 0.1mol/L 的 KOH 水溶液滴定至终点，记录所耗碱液体积，计算酸值。

3. 用电炉开始加热，当物料熔融后在 15min 内升温至（160±2）℃反应 1h。在此段共取五个样测定酸值：在物料全部熔融时取第二个样，达到 160℃时取第三个样，此温度下反应 15min 后取四个样，至 30min 时取第五个样，至第 45min 取第六个样。第六个样后再反应 15min。

4. 然后与 15min 内将体系温度升至（200±2）℃，此时取第七个样，并在此温度下反应 30min 后取第八个样，继续再反应 0.5h。

5. 将反应装置改成减压系统，[图 1(b)]，即再加上毛细管，并在其上和冷凝管上各接一只硅胶干燥管，继续保持（200±2）℃，真空度为 100mmHg，反应 15min 后取第九个样，至此结束反应。

6. 在反应过程中从开始出水时，每析出 0.5～1mL 水，测定一次析水量，直至反应结束，应不少于 10 个水样。

7. 反应停止后，趁热将产物倒入回收盒内，冷却后为白色蜡状物，用 20mL 工业酒精洗瓶，洗瓶液倒入回收瓶中。

五、 结果的计算与讨论

1. 按下式计算酸值。

$$酸值 = \frac{56.1NV}{W} \text{（mgKOH/g）}$$

式中，N 为氢氧化钾-乙醇标准溶液的浓度，mol/L；V 为消耗的氢氧化钾-乙醇，mL；W 为样品的质量，g。

2. 按下表记录酸值，计算反应程度和平均聚合度，绘出 p-t 和 X_n-t 图。

反应时间/min	样品重量/g	消耗的 KOH 溶液的体积/mL	酸值/(mgKOH/g 样品)	反应程度	平均聚合度

3. 按下表记录出水量，计算反应程度和平均聚合度，绘出 p-t 和 X_n-t 图。

反应时间/min	出水量/mL	反应程度	平均聚合度

六、实验扩展

低相对分子质量端羟基聚酯的合成。

相对分子质量为 2000～3000 的端羟基聚酯可用于合成聚酯型聚氨酯的原料。利用本实验装置，将配方中乙二醇的用量适当过量，即可得到低相对分子质量端羟基聚酯。

以 N_A 和 N_B 分别表示—COOH 和—OH 官能团的数量，按下式计算合成相对分子质量为 3000 的端羟基聚酯的反应物用量：

$$\overline{X}_n = \frac{1+\gamma}{1+\gamma-2\gamma P} \quad \gamma = N_A/N_B$$

反应结束后，用滴定法测定羟基物质的量，进一步计算出聚合物的相对分子质量。

七、背景知识

1. 聚己二酸乙二醇酯的熔点较低，只有 50～60℃，不宜用做塑料和纤维。以对苯二甲酸代替二元脂肪酸来合成纤维和工程塑料。一般按分子量（黏度）大小用在三个方面：高黏度（1.0 以上）的树脂用做工程塑料，制成一般的摩擦零件如轴承、齿轮、电器零件等；黏度在 0.72 左右的用做纺织纤维；黏度稍低的（0.60 左右）用于制薄膜如电影胶片的片基材料、录音磁带和电机电器中的绝缘薄膜等。

2. 在实际工业化生产中要做到两官能团等当量非常困难，以聚对苯二甲酸乙二醇酯（PET）的缩聚为例，早期对本二甲酸不易提纯，采用直接缩合不易得到分子量较高的产物，为了保证原料配比精度，采用酯交换法（DMT 法）合成聚对苯二甲酸乙二醇酯：先将对苯二甲酸与甲醇反应生成对本二甲酸二甲酯（DMT），再将 DMT 提纯酯 99.9％以上，然后将高纯度的 DMT 与乙二醇进行酯交换生成对苯二甲酸乙二醇酯（BHET），最后以 SB_2O_3 为催化剂，在 270～280℃和 66～133Pa 条件下进行熔融缩聚即得。随着技术发展，1963 年开始用高纯度的对苯二甲酸直接与乙二醇反应制备，该法为直接酯化法（TPA 法），省去了对苯二甲酸二甲酯的制造和精制及甲醇的回收，降低了成本。另外，还可采用对苯二甲酸直接与环氧乙烷反应制备聚对苯二甲酸乙二醇酯（EO 法）。

3. 除本实验中采用的直接由二元醇和二元酸反应制取聚酯外，还可由 ω-羟基羧酸自身缩合得到，或由二元酰氯和二元醇通过 Schotten-Baumann 反应来合成。而酯交换反应是合成聚酯的最实用的反应。

八、 思考题

1. 说明本缩聚反应实验装置有几种功能？并结合 p-t 和 X_n-t 图分析熔融缩聚反应的几个时段分别起到了哪些作用？

2. 与聚酯反应程度和分子量大小有关的因素时什么？在反应后期黏度增大后影响聚合的不利因素有哪些？怎样克服不利因素使反应顺利进行？

3. 如何保证等物质的量的投料配比？

实验12 酸法酚醛树脂的制备

一、实验目的

1. 了解反应物的配比和反应条件对酚醛树脂结构的影响;
2. 掌握合成线型酚醛树脂合成方法;
3. 掌握线型酚醛树脂的固化原理及方法。

二、实验原理

酚醛树脂塑料是第一个商品化的人工合成聚合物,具有高强度、尺寸稳定性好、抗冲击、抗蠕变、抗溶剂和耐湿气性能良好等优点。大多数酚醛树脂都需要加填料增强,通用级酚醛树脂常用黏土、云母、木粉和短纤维来增强,工程级酚醛则要用玻璃纤维、弹性体、石墨及聚四氟乙烯来增强。另外,酚醛聚合物可作为胶黏剂,应用于胶合板、纤维板和砂轮,还可作为涂料,例如酚醛清漆,将它与醇酸树脂、聚乙烯、环氧树脂等混合使用,性能也很好。酚醛树脂具有优良的绝缘、耐热、耐老化、耐化学腐蚀性等,还可用于电子、电器、塑料、木材纤维等工业,有酚醛树脂制成的增强塑料还是空间技术中使用的重要电子材料。

酚醛树脂是由苯酚和甲醛缩合得到的。在强碱催化所得的聚合产物为甲阶酚醛树脂,甲醛与苯酚的物质的量比为 (1.2~3.0):1,甲醛用 36%~50% 的水溶液,催化剂为 1%~5% 的 $NaOH$ 或 $Ca(OH)_2$。在 80~95℃ 加热反应 3h,就得到了预聚物。为了防止反应过头和凝胶化,要真空快速脱水。预聚物为固体或液体,相对分子质量一般为 500~5000,成微酸性,其水溶性与分子量和组成有关。交联反应常在 180℃ 下进行,并且交联和预聚物合成的化学反应是相同的。

线形酚醛树脂是甲醛和苯酚以 (0.75~0.85):1 的物理的量比聚合得到的,常以草酸或硫酸作催化剂,加热回流 2~4h,通常所需的催化剂用量为每 100 份苯酚 1~2 份草酸、1 份硫酸。由于加入甲醛的量少,只能生成低分子量线型聚合物。反应混合物在高温脱水,冷却后粉碎得到产品。反应方程式如下:

混入 5%~15% 的六亚甲基四胺作为固化剂,加入 2% 左右的氧化镁或氧化钙作为促进剂,加热即迅速发生交联形成网状体型结构,最终转变为不溶不熔的热固性塑料。

本实验在草酸存在下进行苯酚和甲醛的聚合,甲醛量相对不足,得到线型酚醛树脂。线型酚醛树脂可作为合成环氧树脂的原料,与环氧氯丙烷反应获得酚醛多环氧化脂,也可以作为环氧树脂的交联剂,也可与六亚甲基四胺、氧化镁、对氮蒽黑染料,木粉等混合物制备压塑粉。

三、主要试剂与仪器

试剂：苯酚，甲醛水溶液，草酸，六亚甲基四胺。

设备：三颈瓶，冷凝管，温度计，水浴加热装置，机械搅拌器，减压蒸馏装置。

四、实验步骤

线形酚醛树脂的制备

向装有机械搅拌器、回流冷凝管和温度计的三口烧瓶中加入 13g 苯酚，9.3g 36％甲醛水溶液，0.2g 二水合草酸和 1.5mL 水。水浴加热并开动搅拌，反应混合物回流 1.5h。加入 30mL 蒸馏水，搅拌均匀后，冷却至室温，分离出水层。

实验装置改为减压蒸馏装置，剩余部分逐步升温至 150℃，同时减压至真空度为 50～100kPa，保持 1h 左右，除去残留水分，此时样品一经冷却即成固体。在产物温热并保持可流动状态下，将其从烧瓶中倾出，得到无色脆性固体。

线形酚醛树脂的固化

取 5g 酚醛树脂，加入六亚甲基四胺 0.25g，在研钵中研磨混合均匀。将粉末放入小烧杯中，小心加热使其熔融，观察混合物的流动性变化。

五、思考题

1. 线形酚醛树脂和甲阶酚醛树脂在结构上有什么差异？

2. 反应结束后，加入 30mL 蒸馏水的目的是什么？

3. 计算苯酚和甲醛加料之比，苯酚过量的目的何在？

实验13 碱催化法酚醛树脂的制备

一、实验目的

1. 了解热塑性酚醛树脂与热固性酚醛树脂的区别；
2. 掌握热固性酚醛树脂的碱法合成原理；
3. 学会碱法合成酚醛树脂的实验方法。

二、实验原理

酚类和醛类的缩聚产物通称为酚醛树脂。它的合成过程完全遵循体形缩聚反应的规律，它的树脂合成化学非常复杂，目前仍不能准确测定酚醛树脂的结构，即使是缩聚过程中的若干反应历程，目前也并不十分清楚。

苯酚和甲醛缩聚所得的酚醛树脂可从热塑性的线型树脂转为不溶不熔的体型树脂。固化的历程可分为 3 个阶段：A 阶段——线型树脂，可溶于乙醇、丙酮及碱液中，加热后能转变成 B、C 阶段；B 阶段——不溶于碱液中，可部分地或全部地溶于丙酮、乙醇中，加热后转成 C 阶段；C 阶段——为不溶不熔的体型树脂，不含有或很少含有能被丙酮抽提出来的低分子物。

就制造短纤维预混料而言，首先缩聚得到溶于乙醇的酚醛树脂溶液为 A 阶段，然后将短纤维与 A 阶段的乙醇的酚醛树脂溶液混合，经烘干得到短纤维预混料。就制造层压板而言，首先缩聚得到溶于乙醇的酚醛树脂为 A 阶段，然后将 A 阶段的树脂加到浸胶机中，将增强布浸入 A 阶段树脂溶液，并烘干得 B 阶段的含胶布，最后在压机中加热加压而固化成 C 阶段的热固性层压板。

本实验主要是合成 A 阶段的酚醛树脂，A 阶段的酚醛树脂一般在碱性条件下缩聚而成，苯酚和甲醛的物质的量比为 1：($1.25\sim2.5$)，可以用 NaOH、氨水、$Ba(OH)_2$ 等为催化剂。甲醛与苯酚间的加成反应如下：

羟甲基酚间的缩聚反应如下：

三、主要试剂与仪器

试剂：苯酚 [C.P. （化学纯）]，37％甲醛水溶液 （C.P.），$Ba(OH)_2 \cdot 8H_2O$，10％硫酸。

仪器：三口烧瓶，球形冷凝管，直形冷凝管，温度计，搅拌器，电热套，真空泵等。

四、实验步骤

1. 在一个装有搅拌器、温度计的三口烧瓶中投入 9.4g 苯酚、125g(37％) 的甲醛水溶液及 0.47g $Ba(OH)_2 \cdot 8H_2O$。

2. 开动搅拌，加热升温到 70℃，反应 2h。

3. 加入 10％的硫酸溶液把反应混合物的 pH 调至 6～7。关闭搅拌器，分相后测定 pH 值。

4. 将回流管换成直形冷凝管，在 30～50kPa 下把水蒸出。蒸馏温度不能超过 70℃。脱水过程容易出现凝胶现象，必须谨慎控制。

5. 每隔 20min，中断蒸馏以便取样。如果样品固化不发黏，便终止反应。（树脂一旦变黏，每隔 10min 取一次样；当终止缩合反应时，约 8h 后，缩聚物在 70℃下是相当黏的，但仍具有很好的流动性。）

6. 将反应混合物从瓶中倒出后，固化为可溶可熔的物质。

五、思考题

苯酚和甲醛的投料配比对热固性酚醛树脂的性能有何影响？

实验14 不饱和聚酯树脂的合成及其玻璃钢的制备

一、实验目的

1. 了解控制线型聚酯聚合反应程度的原理及方法；
2. 掌握玻璃纤维增强塑料（玻璃钢）的实验技能；
3. 掌握不饱和聚酯树脂的聚合机理和制备方法。

二、基本原理

不饱和聚酯是由不饱和二元酸及饱和二元酸与二元醇缩聚反应的产物。当聚酯分子结构中含有非芳香族的不饱和键时，又被称为不饱和聚酯。通常情况下缩聚反应结束后，趁热加入一定量的活性单体配制成一定黏度的液体树脂，称为不饱和聚酯树脂。纤维增强塑料中，热固性树脂的应用品种很多，其中不饱和聚酯树脂的用量最大。

不饱和聚酯是由不饱和二元酸或其酸酐与多元醇经缩聚反应制得的聚合物。二元酸或酸酐主要有：顺丁烯二酸、反丁烯二酸、顺丁烯二酸酐。醇主要包括：乙二醇、1,2-丙二醇、丙三醇等。最常用的不饱和聚酯是由顺丁烯二酸酐和 1,2-丙二醇合成的，其反应机理如下。

酸酐开环并与羟基加成：

$$HC{=}CH\ (酸酐) + HOCH_2CH_2OH \longrightarrow HO{-}\overset{O}{\underset{}{C}}{-}CH{=}CH{-}\overset{O}{\underset{}{C}}{-}O{-}CH_2CH_2{-}OH$$

形成的羟基酸可进一步进行缩聚反应，如羟基酸分子间进行缩聚：

$$2HO{-}\overset{O}{\underset{}{C}}{-}CH{=}CH{-}\overset{O}{\underset{}{C}}{-}O{-}CH_2CH_2{-}OH \rightleftharpoons$$

$$HO{-}\overset{O}{\underset{}{C}}{-}CH{=}CH{-}\overset{O}{\underset{}{C}}{-}O{-}CH_2CH_2{-}O{-}\overset{O}{\underset{}{C}}{-}CH{=}CH{-}\overset{O}{\underset{}{C}}{-}O{-}CH_2CH_2{-}OH + H_2O$$

或者羟基酸与二元醇进行缩聚反应：

$$HO{-}\overset{O}{\underset{}{C}}{-}CH{=}CH{-}\overset{O}{\underset{}{C}}{-}O{-}CH_2CH_2{-}OH + 2HOCH_2CH_2OH \rightleftharpoons$$

$$HO{-}CH_2CH_2{-}O{-}\overset{O}{\underset{}{C}}{-}CH{=}CH{-}\overset{O}{\underset{}{C}}{-}O{-}CH_2CH_2{-}OH + 2H_2O$$

在实际生成中，为了改进不饱和聚酯最终产品的性能，常常加入一部分饱和二元酸（或其酸酐），如邻苯二甲酸酐，一起共聚。

三、主要试剂与仪器

主要试剂：

名称	试剂	规格	名称	试剂	规格
单体	顺丁烯二酸酐	AR	其他	对苯二酚	AR
	邻苯二甲酸酐	AR		二甲苯胺	AR
	1,2-丙二醇	AR		邻苯二甲酸二辛酯	AR
	苯乙烯	AR		氢氧化钾-乙醇溶液	自制
引发剂	过氧化苯甲酰	AR		玻璃纤维方格布	
				聚丙烯薄膜	

注：顺丁烯二酸酐有毒，不要接触皮肤。顺丁烯二酸酐及邻苯二甲酸酐易吸水，称量时要快，以保证配比准确。

主要仪器：250mL 磨口四颈瓶一只；300mm 球形冷凝器一只；300mm 直形冷凝器一只；100mL 油水分离器一只；蒸馏头一只；150℃、200℃温度计各一只；250mL 广口试剂瓶一只；250mL 锥形瓶二只；加热、控温、搅拌装置（一套）；平板玻璃；烧杯；刮刀；CO_2 钢瓶。

四、实验步骤

1. 不饱和聚酯树脂的合成

（1）将干净的玻璃仪器按实验装置图 1 安装好，并检查反应瓶磨口的气密性。

（2）向装有搅拌器、回流冷凝管、油水分离器、通氮导管和温度计的四口瓶中依次加入顺丁烯二酸酐 9.8g、邻苯二甲酸酐 14.8g、丙二醇 9.2g。加热升温，并通入氮气保护。同时在蒸馏头出口处接上直形冷凝管，并通入水冷却。用 25mL 已干燥称重的烧杯接受馏出的水分。

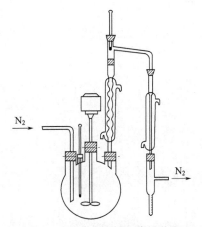

图 1　不饱和聚酯树脂合成装置

（3）30min 内升温至 80℃，充分搅拌，1.5h 后升温至 160℃，保持此温度 30min 后，取样测酸值。逐渐升温至 190～200℃，并维持此温度。控制蒸馏头温度在 102℃以下。每隔 1h 测一次酸值。酸值小于 80mg KOH/g 后，每 0.5h 测一次酸值，直到酸值达到（40±2）mg KOH/g。

（4）停止加热，冷却物料至 170～180℃时加入对苯二酚和石蜡，充分搅拌，直至溶解。待物料降温至 100℃时，将称量好的苯乙烯迅速倒入反应瓶内，要求加完苯乙烯后的物料温度不超过 70℃，充分搅拌，使树脂冷却到 40℃以下，再取样测一次酸值。

（5）称量馏出水，与理论出水量比较，估计反应程度。

2. 玻璃纤维增强塑料的制备

（1）在烧杯中，将不饱和聚酯树脂 100 份，过氧化苯酰-邻苯二甲酸二辛酯糊 4 份，二甲苯胺 0.01 份，混合并搅拌均匀，备用。

（2）裁剪 100mm×100mm 的玻璃布十块，备用。

（3）在光洁的玻璃板上，铺上一层玻璃纸，再铺上一层玻璃布，用刮刀刷上一层树脂，使之渗透，小心驱逐气泡，再铺上一层玻璃布，反复此操作，直到所需厚度，最后再铺上一层玻璃纸，驱逐气泡，并压上适当的重物。

（4）放置过夜，再于 100～150℃烘 2h，产品俗称玻璃钢（FRP）。

3. 酸值测定方法

聚合物的酸值定义为 1g 聚合物所消耗的 KOH 的质量，只不过是聚合物羧基含量的另一种说法，其测定方法与聚合物羧基滴定完全一样。

精确称取 1g 左右树脂，置于 250mL 锥形瓶，加入 25mL 丙酮，溶解后加入 3 滴酚酞指示剂，用浓度为 0.1mol/L 的氢氧化钾-乙醇标准溶液滴定至终点。酸值由下式计算得到：

$$酸值(mgKOH/g 样品) = (V \times c \times 0.056 \times 1000)/样品质量(g)$$

式中，V 为滴定试样所消耗的 KOH 水溶液的体积；c 为 KOH 的摩尔浓度。

五、结果与讨论

1. 若要制备韧性好、柔性大的玻璃钢，应如何设计配料？
2. 如果将实验中所用的 CO_2 气体改成 N_2，可否？有什么异同点？
3. 实验过程中，不断检测酸值的目的是什么？为什么？

实验15 苯乙烯-马来酸酐的交替共聚

一、目的要求

1. 了解苯乙烯与马来酸酐发生自由基交替共聚的基本原理；
2. 掌握自由基溶液聚合的实施方法及聚合物析出方法；
3. 学会除氧、充氮以及隔绝空气条件下的物料转移和聚合方法。

二、基本原理

马来酸酐由于空间位阻效应在一般条件下很难发生均聚，而苯乙烯由于共轭效应很易均聚，当将上述两种单体按一定配比混合后在引发剂作用下却很容易发生共聚，而且共聚产物具有规整的交替结构，这与两种单体的结构有关。马来酸酐双键两端带有两个吸电子能力很强的酸酐基团，使酸酐中碳碳双键上的电子云密度降低而带部分的正电荷，而苯乙烯是一个大共轭体系，在正电性的马来酸酐的诱导下，苯环的电荷向双键移动，使碳碳双键上的电子云密度增加而带部分的负电荷。这两种带有相反电荷的单体构成了受电子（accepter）-电子体（donor）体系，在静电作用下很容易形成一种电荷转移络合物，这种络合物可看作一个大单体，在引发剂作用下发生自由基共聚合，形成交替共聚的结构，如下所示。

$$M_1 + M_2 \longrightarrow M_1M_2 (配位化合物)$$
$$M_1M_2 + M_1M_2 (配位化合物) \longrightarrow M_1M_2M_1M_2$$

另外，由 e 值和竞聚率亦可判定两种单体所形成的共聚物结构。由于苯乙烯的 e 值为 -0.8、而马来酸酐的 e 值为 2.25，两者相差很大，因此发生交替共聚的趋势很大。在 $60℃$ 时的苯乙烯（M_1)-马来酸酐（M_2）的竞聚率分别为 0.01 和 0，由共聚组成微分方程可得：

$$\frac{d[M_1]}{d[M_2]} = 1 + r_1 \frac{[M_1]}{[M_2]}$$

当惰性单体马来酸酐的用量远大于易均聚单体苯乙烯时，$r_1 \frac{[M_1]}{[M_2]}$ 趋于零，共聚反应趋于生成理想的交替结构。

两单体的结构决定了所生成的交替共聚物，不溶于非极性或极性较小的溶剂，如四氯化碳、氯仿、苯、甲苯等，而可溶于极性较强的四氢呋喃、二氧六环、二甲基甲酰胺、乙酸乙酯等。鉴于上述特色，制备苯乙烯-马来酸酐交替共聚物采用溶液聚合和沉淀聚合两种方法。本实验选用乙酸乙酯作溶剂，采用溶液聚合的方法合成交替共聚物，而后加入工业酒精使产物析出，此方法只适用于实验室制备。

三、主要试剂与仪器

1. 主要试剂

名　　称	试　　剂	规　　格	用　　量
单体	苯乙烯	除去阻聚剂,纯度99%	0.6mL
单体	马来酸酐	AR	0.5g
引发剂	过氧化二苯甲酰	CP,重结晶精制	0.05g
溶剂	乙酸乙酯	CP	15mL
沉淀剂	工业酒精	工业级	15~20mL

2. 主要仪器

真空抽排装置一套（包括油泵一台，安全瓶一只，干燥塔三个，氮气包一个，多口真空连接管一只）；恒温振荡器一台；分析天平一台；钥匙一支；水泵一台；100mL磨口锥形瓶一个；磨口导气管一个；医用乳胶管（ϕ10mm×5mm）若干；溶剂加料管一支；1mL注射器一支；止血钳2把；布氏漏斗一个；100mL烧杯一个；表面皿一个。

四、实验步骤

1. 用分析天平称取0.5g马来酸酐和0.05g过氧化二苯甲酰放入锥形瓶中，插上导气管，将其连接在真空抽排装置上，进行抽真空和充氮气操作以排除瓶内空气，反复三次后，在充氮情况下将瓶取下，用止血钳夹住出料口。

2. 用加料管量取15mL乙酸乙酯，在保证不进入空气的情况下加入到已充氮的锥形瓶中，充分摇晃使固体溶解。再用注射器将0.6mL苯乙烯加入到锥形瓶中，充分摇匀。

3. 将锥形瓶放入80℃恒温振荡器中，在反应15min之内注意放气三次，以防止聚合瓶盖被冲开。1h后结束反应。

4. 将聚合瓶取出，冷却至室温。然后将聚合液倒入烧瓶内，一边搅拌一边加入工业酒精，出现白色沉淀至聚合物全部析出。用布氏漏斗在水泵上抽滤，产物置于通风橱中晾干，称量，计算产率。

五、结果与讨论

1. 记录反应物实际加入量，每隔10min记录一次反应情况。

2. 根据所得产物质量计算反应产率。

六、思考题

1. 说明苯乙烯-马来酸酐交替共聚原理并写出共聚物结构式？如何用化学分析法和仪器分析法确定共聚物结构？

2. 如果苯乙烯和马来酸酐不是等物质的量投料，如何计算产率？

3. 比较溶液聚合和沉淀聚合的优缺点？

七、试验拓展

1. 苯乙烯-马来酸酐交替物也可通过沉淀聚合法合成：在装有搅拌器、回流冷凝管、温度计和滴液漏斗的250mL三口瓶中加入12g马来酸酐和100mL二甲苯，加热至80℃全部溶解。将13g苯乙烯，0.25~0.35g过氧化二苯甲酰和50mL二甲苯混合摇匀后自滴液漏斗中在30~40min内滴加入反应瓶中，温度不超过90℃，从出现白色沉淀聚合物时算起，在100~105℃下反应2h左右，即可停止反应，冷却、过滤，用石油醚洗涤、干燥，既得白色粉末状交替共聚物。该法工艺简单、产率高分子量大，但是二甲苯的毒性很大，易造成对人身和环境的污染。

2. 可通过测定酸值确定共聚组成：精确称取 0.10g 交替产物，在锥形瓶中用丙酮溶解，加 4 滴酚酞指示剂，用 0.1mol/L 的 NaOH 标准溶液滴定至终点，再加入 2mL 0.1mol/L 的 NaOH 溶液，塞住瓶口，放置 10min 后用 0.1mol/L 的 H_2SO_4 标准溶液反滴定至无色，并做一空白实验。酸值计算公式如下：

$$酸值 = \frac{(V_1M_1 - V_2M_2 + 空白) \times 56.1}{W}$$

式中，M_1，M_2 分别为 NaOH 和 H_2SO_4 标准溶液物质的量浓度，mol/L；V_1，V_2 分别为 NaOH 和 H_2SO_4 标准溶液的体积，mL；W 为样品重，mg。

3. 苯乙烯-马来酸酐交替物经水解可制成溶于水的树脂，该树脂可用做表面活性剂、光亮剂和成膜剂等，无毒安全。其制备方法很简单：称取 0.5g 5% 的 NaOH 水溶液 3mL 加入试管中，将试管放入 80℃恒温水浴中，不时用搅拌棒搅拌，至聚合物完全溶解，将产品倒入表面皿中，放入 80℃烘箱中干燥即得。

4. 马来酸酐还可以与苯并呋喃反应生成交替共聚物：聚［2,3-(2,3-二氢苯并呋喃二基)-4-(2,5-二氧代一氧杂环戊二基)］。将马来酸酐、氯苯、苯并呋喃和偶氮二异丁腈在氮气保护下加入两口烧瓶中，混合均匀名字恒温油浴中振荡反应，在这一过程中共聚物逐渐分离出来，最后得到浅黄色的被溶剂溶胀的紧密块状聚合物。然后将反应物倒入甲苯中沉淀，用多孔漏斗在氮气保护下过滤，先后用甲苯和无水乙醚洗涤，加压干燥，即得白色粉状的交替共聚物。

八、背景知识

1. 苯乙烯-马来酸酐交替共聚物可广泛用于石油钻井、石油输送、水处理、混凝土、涂料、印刷、造纸、印染、纺织、胶黏剂、化妆品等工业，作为分散/乳化剂、印刷油墨黏结剂、增稠剂、皮革改性剂、纺织品整理剂及助染剂等。它可进一步与丁醇（或乙醇）进行开环酯化反应，得到的改性共聚物对金属有良好的黏结性能，可广泛用于集成电路和印刷线路中。另外，其磺化产物（SS/MA）是一种性能全面的阻垢分散剂。

2. 除苯乙烯（St）：马来酸酐（MA）=1∶1 的交替共聚物［SMA］$_n$ 外，St 和 MA 的比例分别为 2∶1 和 3∶1 时，只要采取恰当的聚合方法，也可得到 2∶1 和 3∶1 的交替共聚物，其通式可分别表示为［S-S-MA］$_n$ 和［S-S-S-MA］$_n$。但当苯乙烯过量较多，并改变其他条件如在高温、极性介质条件下，采用本体、溶液、乳液及本体-悬浮聚合等方法可以得到无规的 SMA 共聚物，这是 20 世纪 70 年代后期发展起来的一种新型的热塑性工程塑料，可广泛用于汽车、家用电器、日用品及涂料、胶黏剂、造纸等行业。

实验16 丙烯腈-丁二烯-苯乙烯树脂的制备

丙烯腈-丁二烯-苯乙烯树脂，就是通常所说的 ABS 树脂。显然，ABS 树脂系由丙烯腈（acrylonitrile）、丁二烯（butadiene）和苯乙烯（styrene）聚合制得。它是一个两相体系，连续相为丙烯腈和苯乙烯的共聚物 AS 树脂，分散相为接枝橡胶和少量未接枝的橡胶。由于 ABS 具有多元组成，因而它综合了多方面的优点，既保持橡胶增韧塑料的高冲击性能、优良的力学性能及聚苯乙烯的良好加工流动性，同时由于丙烯腈的引进，使 ABS 树脂具有较大的刚性、优异的耐药品性以及易于着色的好品质。它的用途极为广泛，如可用于航空、汽车、机械制造、电气、仪表以及作输油管等。调节不同组成，可以制得不同性能的 ABS。

一、实验目的

掌握乳液悬浮法制备 ABS 树脂的原理和方法。

二、实验原理

ABS 树脂有两种类型：共混型和接枝型。接枝型又可由本体法和乳液法制备。乳液悬浮法属于乳液法一类，但它克服了乳液法后处理困难的缺点，容易处理，容易干燥；与本体法相比，它的反应条件稳定，散热容易，且橡胶含量可以任意控制。它是近年来发展起来的新的聚合方法。

乳液悬浮法制备 ABS 树脂分两个阶段进行：第一阶段是乳液聚合，它主要是解决橡胶的接枝和橡胶粒径的增大。ABS 树脂中分散相橡胶粒径的大小必须在一定范围内（一般认为 $0.2 \sim 0.3 \mu m$）才有良好的增韧效果。以乳液法制备的乳胶（在此为丁苯乳胶），其粒径通常只有 $0.04 \mu m$ 左右，在 ABS 树脂中不能满足增韧的要求，故必须进行粒径扩大。粒径扩大的方法很多，在此采用最简单的溶剂扩大法，即靠反应单体本身作溶剂，使其渗透到橡胶粒子中去。此法也有利于提高橡胶的接枝率。橡胶接枝的作用有两点：一是增加连续相与分散相的亲和力，二是给橡胶粒子接上一个保护层，以避免橡胶粒子间的合并，接枝橡胶制备的成功与否，是决定 ABS 树脂性能好坏的关键。此阶段的反应如下：

此外，还有游离的 St-AN 共聚物和少量未接枝的游离橡胶。第二阶段是悬浮聚合，它的作用有两点：一是进一步完成连续相 St-AN 树脂的制备，二是在体系中加盐破乳，并在分散剂的存在下使其转为悬浮聚合。

三、主要试剂与仪器

试剂：丁苯乳胶，苯乙烯，丙烯腈等。

仪器：搅拌器，回流冷凝管，三颈瓶，氮气钢瓶等。

四、实验步骤

1. 乳液接枝聚合

配方

成　　分	配　比	成　　分	配　比
丁苯-50 乳胶	45g(含干胶 16g)	蒸馏水	39＋44g
苯乙烯和丙烯腈(30∶70)	混合单体 16g	过硫酸钾(KPS)	0.1g
叔十二硫醇	0.08g	十二烷基硫酸钠	0.32g

在装有搅拌器、回流冷凝管及温度计、通氮管的 250mL 三颈瓶中，加入丁苯乳胶 45g、苯乙烯和丙烯腈混合单体 16g、蒸馏水 39g。通氮气，开动搅拌机，升温至 60℃，让其渗透 2h，然后降温至 40℃，向体系中加入十二烷基硫酸钠 0.32g，过硫酸钾 0.1g 和水 44g，升温至 60℃，保持 2h，65℃保持 2h，70℃保持 1h，降温至 40℃以下出料。用滤网过滤除去析出的橡胶，得接枝液。

2. 悬浮聚合

配方

成　　分	配　比	成　　分	配　比
接枝液	50g	液体石蜡	0.15g
苯乙烯和丙烯腈(30∶70)	混合单体 14g	4.5％ $MgCO_3$	38g
叔十二硫醇	0.056g	$MgSO_4$	4.5g
偶氮二异丁腈(AIBN)	0.056g	蒸馏水	26g

在装有搅拌器、回流冷凝管及温度计、通氮管的 250mL 三颈瓶中，加入 4.5％ $MgCO_3$ 溶液 38g、水 26g，开动搅拌器，在快速搅拌下缓慢滴加接枝液。通氮升温至 50℃时，加入溶有 0.056g 偶氮二异丁腈的苯乙烯和丙烯腈混合单体 14g，投料完毕，升温至 80℃反应。粒子下沉变硬后，升温至 90℃熟化 1h，100℃熟化 1h，降温至 50℃以下出料。

倾入上层液体，加入蒸馏水，用浓硫酸酸化到 pH 为 2～3，然后用水洗至中性，将聚合物抽干，在 60～70℃烘箱中烘干，即得 ABS 树脂。

五、注意事项

1. 丙烯腈有毒，不要接触皮肤，更不能误入口中。

2. $MgCO_3$ 的制备一定要严格控制，保证质量，它的质量与用量是悬浮聚合是否成功的关键。

六、结果与讨论

对产品性能进行分析。

七、附注

$MgCO_3$ 的制备如下所述。

1. 在装有搅拌器、回流冷凝管的 5000mL 三颈瓶中，加入 212g 的 Na_2CO_3、2140mL 的水，加温至 60℃，恒温，在搅拌下使 Na_2CO_3 溶解。

2. 将 492g $MgSO_4 \cdot 7H_2O$，1350mL 的水放入 2000mL 的烧杯中，升温至 60℃，通过搅拌使之溶解。

3. 用虹吸管将 $MgSO_4$ 水溶液吸入 Na_2CO_3 溶液中，滴加速度要快，温度一定要保持在 58～60℃。

4. 升温至 90～100℃，恒温 2h（升温至 90℃，30min 后体系内可能黏稠，搅拌不动，应加快搅拌速度）。

5. 质量要求为粒子要细腻，沉降要慢，在 500mL 的量筒里，一夜沉降在 50mL 以内。

八、思考题

1. 写出 ABS 接枝共聚反应式。

2. 乳液有几种成分，分别是什么？

实验17 高吸水性树脂的制备

一、实验目的

1. 了解高吸水性树脂的制备的基本功能及其用途；
2. 了解合成聚合物类高吸水性树脂制备的基本方法；
3. 了解反向悬浮聚合制备亲水性聚合物的方法。

二、 实验原理

吸水性树脂指不溶于水，在中溶胀的具有交联结构的高分子。吸水量达平衡时，以干粉为基准的吸水率倍数与单体性质、交联密度以及水质情况（如是否含有无机盐以及无机盐浓度）等因素有关。根据吸水量和用途的不用大致分为两大类：吸水量仅为干树脂量的百分之几，吸水后具有一定的机械强度，它们称为水凝胶，可用做接触眼镜、医用修复材料、渗透膜等；另一类吸水量可达干树脂的数十倍，甚至高达 3000 倍，称为高吸水性树脂。高吸水性树脂用途十分广泛，在石化、化工、建筑、农业、医疗以及日常生活中有着广泛的应用，如用做吸水材料、堵水材料、蔬菜栽培、吸水尿布等。

制备高吸水性树脂，通常是将一些水溶性高分子如聚丙烯酸、聚乙烯醇、聚丙烯酰胺、聚氧化乙烯等进行轻微的交联而得到。根据原料来源、亲水基团引入方式、交联方式等的不同，高吸水性树脂有许多品种。目前，习惯上按其制备时的原料来源分为淀粉类、纤维素类和合成聚合物类三大类，前两者是在天然高分子中引入亲水基团制成的，后者则是亲水性单体的聚合或合成高分子化合物的化学改性制得的。

一般地说，高吸水性树脂在结构上应具有以下特点。

1. 分子中具有强亲水性基团，如羧基、羟基等。与水接触时，聚合物分子能与水分子迅速形成氢键或其他化学键，对水等强极性物质有一定的吸附作用。

2. 聚合物通常为交联型结构，在溶剂中不溶，吸水后能迅速膨胀。由于水被包裹在呈凝胶状的分子网络中，不易流失和挥发。

3. 聚合物应具有一定的立体结构和较高的分子量，吸水后能保持一定的机械强度。

合成聚合物类高吸水性树脂目前主要有聚丙烯酸盐和聚乙烯醇系两大类。根据所用原料、制备工艺和亲水基团引入方式的不同，衍生出许多品种。其合成路线主要有两种途径：第一种是亲水性单体或水溶性单体与交联剂共聚，必要时加入含有长碳链的憎水单体以提高其机械强度。调整单体的比例和交联剂的用量以获得不同吸水率的产品。这类单体通常经由自由基聚合之辈；第二种合成途径是将已合成的水溶性高分子进行化学交联使之转变成交联结构，不溶于水而仅溶胀。本实验采用第一种合成路线，用水溶性单体丙烯酸以反向悬浮聚合方法制备高吸水性树脂。

通常，悬浮聚合是采用水作分散介质，在搅拌和分散剂的双重作用下，单体被分散成细小的颗粒进行的聚合。由于丙烯酸是水溶性单体，不能以水为聚合介质，因此聚合必须在有机溶剂中进行，即反向悬浮聚合。

将丙烯酸与二烯类单体在引发剂作用下进行共聚，可得交联型聚丙烯酸。再用硼氢化钠等强碱性物质进行皂化处理，将—COOH转变为—COONa，即得到聚丙烯酸盐类高吸水性树脂。丙烯酸在聚合过程中由于强烈的氢键作用，自动加速效应十分严重，聚合后期极易发生凝胶，故工业上常采用丙烯酸皂化再聚合的方法。

三、主要试剂与仪器

1. 主要试剂

名称	试剂	规格	用量	名称	试剂	规格	用量
单体	丙烯酸	聚合级	50g	悬浮剂	Span80	AR	2.0g
	三乙二醇双丙烯酸甲酯	AR	5g	分散剂	环己烷	CP	150mL
引发剂	过硫酸铵	AR	0.25g		氢氧化钠-乙醇溶液	10%	200mL

2. 主要仪器

250mL磨口三口瓶一个；冷凝器一支；100℃温度计一支；电动搅拌器一套；150mL布氏漏斗一只；20mL烧杯一个；50mL烧杯一个；抽滤瓶；恒温水浴槽；150mL培养皿一只；100cm×100cm布袋三只；干燥器；真空装置一套。

四、实验步骤

1. 树脂制备

（1）称取Span80 2.5g于烧杯中，加入环己烷150mL，搅拌使之溶解。

（2）称取丙烯酸50g、三乙二醇双丙烯酸甲酯5g于烧杯中，加入过硫酸铵0.25g，搅拌使之溶解。

（3）安装聚合反应装置，磨口三口瓶接温度计、冷凝管、搅拌器。加入环己烷溶液，开动搅拌，升温至70℃。停止搅拌，将单体混合溶液加入三口瓶中。重新开动搅拌，调节搅拌速度，使单体分散成大小适当的液滴。

（4）保温反应2h。然后升温至90℃，继续反应1h。

（5）撤去热源，搅拌下自然冷却至室温。

（6）用布氏漏斗抽滤，然后用无水乙醇淋洗三次，每次用乙醇50mL。最后抽干，铺在培养皿中，置于85℃烘箱中烘至恒重。放于干燥器中保存。

（7）取上述干燥的树脂30g，置于三口瓶中，加入氢氧化钠-乙醇溶液200mL。装上冷凝器和温度计，室温下静置1h，然后开动搅拌，升温至开始回流，注意回流不要太剧烈。回流下保持2h。

（8）撤去热源，搅拌下自然冷却至室温。用布氏漏斗抽滤，然后用无水乙醇淋洗三次，每次用乙醇50mL。最后抽干，铺在培养皿中，置于85℃烘箱中烘至恒重，所得的高吸水树脂放于干燥器中保存。

2. 吸水率的测定

（1）取布袋一只，于自来水中浸透，沥去滴水，并用滤纸将表面水分吸干。称重，记下湿布袋的质量m_1。

（2）称取上述已烘干的高吸水性树脂2g左右，放入另一同样布料和大小的布袋中，将布袋口扎紧。

（3）将 500mL 烧杯中装满自来水，将装有高吸水性树脂的布袋置于水中，静置 0.5h。

（4）高吸水性树脂的吸水率 S 由下式计算：

$$S(\text{g 水}/\text{g 树脂}) = \frac{m_2 - m_1 - m}{m} \times 100\%$$

式中，m 为吸水树脂试样的质量，g；m_2 为吸水后树脂的质量，g。

（5）用同样方法测定高吸水树脂对去离子水的吸水率。

五、结果与讨论

1. 比较高吸水性树脂对自来水与去离子水的吸水率，讨论引起两者差别的原因。

2. 如果试验中所用的三乙二醇双丙烯酸甲酯的用量加大，试分析高吸水性树脂的吸水率将会发生如何变化。

3. 讨论高吸水性树脂的吸水机理。

六、注意事项

1. 高吸水性树脂制备过程中要避免与水接触。

2. 与正常的悬浮聚合相同，在整个聚合反应过程中，既要控制好反应温度，又要控制好搅拌速度。反应进行 1h 左右，体系中分散的颗粒由于转化率增加而变得发黏，这时搅拌速度的微小变化（忽快忽慢或停止）都可能导致颗粒粘在一起，或结成块、或粘在搅拌器上，致使反应失败。

实验18 甲基丙烯酸甲酯-苯乙烯悬浮共聚

一、目的要求

1. 熟悉悬浮聚合方法；
2. 了解共聚合反应原理；
3. 掌握用红外光谱法测定共聚物组成的方法。

二、实验原理

悬浮聚合是单体以小液滴状悬浮在水中进行的聚合，单体中溶有引发剂，一个小液滴相当于本体聚合中的一个单元。从单体液滴转变为聚合物固体粒子，中间经过聚合物-单体黏性粒子阶段，为了防止粒子相互黏结在一起，体系中需另加分散剂，以便在粒子表面形成保护膜。因此，悬浮聚合一般由单体、引发剂、水、分散剂四个基本组分组成。悬浮聚合的聚合机理与本体聚合相似，方法上兼有本体聚体的优点，且缺点较少，因而在工业上有着广泛的应用。

甲基丙烯酸甲酯-苯乙烯共聚物（简称 MS 共聚物）是制备透明高抗冲性塑料 MBS 的原料之一，它可通过改变甲基丙烯酸甲酯与苯乙烯的含量组成来调节 MS 共聚物的折射率，使其与 MBS 中的另一组分——接枝的聚丁二烯的折光率相匹配，从而达到制备透明 MBS 的目的。

工业上用的 MBS 共聚物一般是通过自由基聚合得到的高转化率产物。由于甲基丙烯酸甲酯-苯乙烯典型的竞聚率分别为 $r_{MMA}=0.16$，$r_{St}=0.52$，因此通常情况下，聚合时共聚物的组成将随着转化率的上升而发生变化，最终产物具有较宽的化学组成分布。但是，通过 Mayo-Lewis 的共聚物组成方程可以得知，此共聚体系存在恒比点，即当甲基丙烯酸甲酯与苯乙烯的投料比为 0.47：0.53（摩尔比）时，共聚物的组成将是一恒定的值，与单体组成比相同。理论上，在这点上所形成的 MBS 共聚物，其化学组成的均一性相当强。

三、主要试剂与仪器

试剂：苯乙烯，甲基丙烯酸甲酯，过氧化苯甲酰，浆状碳酸镁，稀硫酸，95% 乙醇，苯，氯仿，二硫化碳等。

仪器：搅拌器，冷凝管，三颈瓶，温度计，吸滤瓶，砂芯漏斗，容量瓶等。

四、实验步骤

在装有搅拌器、温度计和回流冷凝管的 250mL 三颈瓶中，加入 65mL 蒸馏水和 50g 浆状碳酸镁，开动搅拌，在水浴中加热至 95℃，使浆状碳酸镁均匀分散并活化，约 0.5h，停止搅拌，逐步冷却至 70℃。一次性向反应瓶内倒入含有引发剂的单体混合液（14g 甲基丙烯酸甲酯，16.5g 苯乙烯，0.3g 过氧化苯甲酰），开动搅拌，控制一定的搅拌速度使单体分散成珠状液滴，瓶内温度保持在70～75℃之间。反应1h后，吸取少量三颈瓶中的反应液滴入盛有清水的烧杯，若有白色沉淀产生，则可以开始对水浴缓慢升温至95℃，再反应3h，使珠状产物进一步硬化。反应结束后，将反应混合物的上层清液倒出，加入适量稀硫酸，使反应液的pH值达到1～1.5，此时，有大量气泡生成，静止一段时间后，倾去上层酸液，用大量蒸馏水冲洗余下的珠状产物至中性，然后过滤，干燥，称量。

五、注意事项

1. 反应时搅拌要快，均匀，使单体能形成良好的珠状液滴。

2. 起始反应温度不宜太高，必须严格控制在70～75℃，另外，其后的升温速度要缓慢以免发生"暴聚"而使产物结块。

实验19 用阴离子聚合方法合成甲基丙烯酸甲酯和苯乙烯的嵌段聚合物

一、实验目的

通过阴离子聚合用甲基丙烯酸甲酯和苯乙烯制备嵌段共聚物实验，了解单体浓度对聚合度的影响，掌握通过阴离子聚合从4-乙烯基吡啶和苯乙烯制备嵌段共聚物方法，学会竞聚率的测定。

二、实验原理

通过阴离子聚合从甲基丙烯酸甲酯和苯乙烯制备嵌段共聚物是连锁聚合机理进行的聚合反应。

三、主要试剂与仪器

试剂：苯乙烯，甲基丙烯酸甲酯，无水环己烷，正丁基锂（浓度为 4g Li/65mL 正庚烷溶液）。

仪器：试管，三通活塞，5mL 注射器，1mL 注射器。

四、实验步骤

三通活塞与试管间连接一段约 4cm 长的橡皮管，反复抽真空，充氮置换 3 次。在氮气保护下用注射器插入橡皮管分别注射 4mL 无水环己烷，1.5mL 精制过的苯乙烯和 0.8mL n-C_4H_9Li 溶液，移动玻璃管使之堵住针眼。关闭三通活塞，摇匀，溶液应由无色透明变成橘红色，此即苯乙烯离子的颜色，室温下反应 2h。平分成两份，待用。取其中一支试管加入 1mL 甲醇，视反应终止，颜色立即消失，将聚合物溶液在搅拌下加入到 5mL 甲醇中使其沉淀，抽滤。再用少量甲醇洗涤，抽滤，得白色聚苯乙烯，如颜色没变，再加入甲基丙烯酸甲酯，看是否发热。

五、结果与讨论

1. 计算苯乙烯阴离子聚合反应的转化率。

2. 用纯氮气保护有什么作用？

3. 为什么阴离子聚合可以得到活性聚合物？阴离子聚合的方法制得共聚物与自由基聚合制得共聚物有哪些不同？

4. 从颜色变化和反应放出聚合物，证明活性高分子的存在，理解化学计量聚合。

实验20 苯乙烯的原子转移自由基聚合

一、实验目的

1. 了解活性聚合的基本概念；
2. 通过苯乙烯的原子转移自由基聚合实验，进一步了解单分散可控聚合物的制备基本原理；
3. 了解可控聚合的影响因素，学习利用实验数据来判别是否活性聚合。

二、实验原理

原子转移自由基聚合（atomtransfer radical polymerization，简称 ATRP）是 1995 年首先由王锦山和 Matyjaszewski 等报道的一种新型自由基活性聚合（或叫可控聚合）方法。它以卤代化合物为引发剂，过渡金属化合物配以适当的配体为催化剂，使可进行自由基聚合的单体进行具有活性特征的聚合。它的基本原理是利用卤原子在聚合物增长链与催化剂之间的转移，使反应体系处于一个休眠自由基和活性自由基互变的化学平衡中，降低了活性自由基的浓度，使固有的终止反应大为减少，从而使聚合反应具有活性特征，可以得到一般自由基聚合难以得到的窄分布、分子量与理论分子量相近的聚合物，为自由基活性聚合开辟了一条崭新的途径。

基本原理图：

引发

$$R{-}X + M_t^n \rightleftharpoons R' + M_t^{n+1}X$$

$$\downarrow X+M \qquad\qquad \downarrow k_1+M$$

$$R{-}M{-}X + M \rightleftharpoons R{-}M' + M_t^{n+1}X$$

传播

$$M_n{-}X + M_t^n \rightleftharpoons M_n + M_t^{n+1}X$$

$$\underset{+M}{\overset{k_p}{\times}} \qquad\qquad \underset{+M}{\overset{k_p}{\nearrow}}$$

式中，R—X 是引发剂卤代烃（X 一般为 Cl 或 Br），M 为单体，M_t^n 为过渡金属络合物。

三、主要试剂与仪器

试剂：苯乙烯（使用前减压蒸馏脱除阻聚剂），氯化苄，氯化亚铜，2,2′-联吡啶，甲苯，二苯醚，四氢呋喃，甲醇。

仪器：四口瓶（100mL），球形冷凝管，水浴锅，搅拌电动机与搅棒，温度计（100℃），量筒，布氏漏斗，抽滤瓶，氮气瓶。

四、实验步骤

在 100mL 四口瓶中加入 50mL 蒸馏水，2mL 5％聚乙烯醇和 10g NaCl，待全部溶解后在冰盐浴冷却下真空脱气-充氮，反复三次。然后在氮气保护下装上搅拌、冷凝器和温度计。在 50mL 两口瓶中加入苯乙烯（St）、氯化苄（PhCH$_2$Cl）、氯化亚铜（CuCl）和联吡啶（bpy），混合均匀后在冰盐浴冷却下真空脱气-充氮，反复 3 次。然后将其快速倒入上述 100mL 的四口瓶中，开动搅拌，调整油珠直径约为 0.4～0.6mm，升温至 95℃在氮气保护下反应。改变反应时间，再进行实验，反应结束后将反应物倒入甲醇中沉淀出聚合物，水洗，过滤，真空干燥。

五、数据处理

1. 计算转化率，用重量法测定。
2. 测定聚合物的分子量和分子量分布，用高效液相色谱仪测定，聚苯乙烯为标样，四氢呋喃为流动相。

六、思考题

1. 活性聚合反应的特征是什么？
2. 以 ATRP 为例，介绍自由基聚合反应获得"活性"可控特征的原因。
3. 实施活性聚合方法，为了顺利获得目标设计产物，应注意哪些操作事项？

实验21 苯乙烯阳离子聚合

一、实验目的

1. 了解苯乙烯阳离子聚合机理；
2. 掌握阳离子溶液聚合方法。

二、实验原理

阳离子型聚合是用酸性催化剂所产生的阳离子引发，使单体形成离子，然后通过阳离子形成大分子。苯乙烯在 $SnCl_4$ 作用下进行阳离子聚合。

1. 链引发

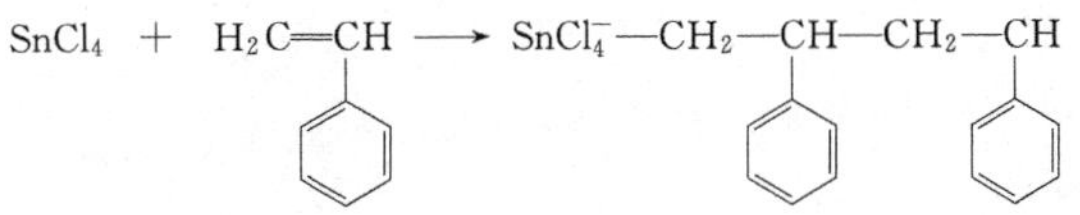

2. 链增长

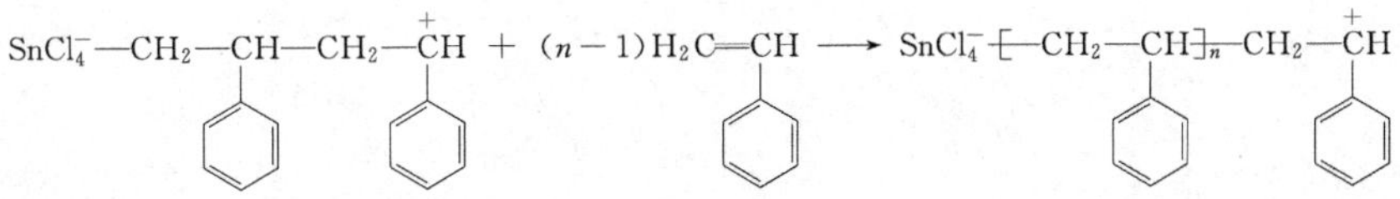

3. 链增长

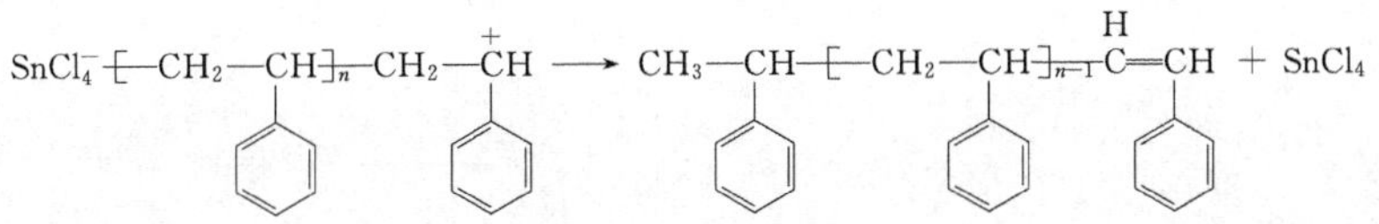

在这反应中，聚合的初速度与苯乙烯浓度的平方及生成的 $SnCl_4$ 浓度成正比，聚合物的分子量与苯乙烯的浓度成正比，而与催化剂的浓度无关。反应进行很剧烈，必须使用溶剂，催化剂应逐渐加入，苯乙烯的浓度不应超过 25%。

三、主要试剂

化学试剂：苯乙烯（干燥的，新蒸馏过的），35g $SnCl_4$（干燥的，真空蒸馏过的），0.8g，CCl_4（干燥的）100mL，甲醇或乙醇（工业）500mL。

四、实验步骤

在三口烧瓶中加入 100mL 四氯化碳和 35g 新蒸馏的苯乙烯，烧瓶放入水浴中，开动搅拌器。用滴管逐步加 $SnCl_4$ 0.8g。催化剂加入后，经过一定时间的诱导期以后开始聚合。调节水浴温度，使反应温度稳定在 25℃下进行聚合，聚合反应进行 3h 后，将聚合物溶液在大

51

量醇溶液中进行沉析，然后在布氏漏斗上进行分离，聚合物用醇洗涤多次，在空气中进行初步干燥后，在真空烘箱内 60～70℃ 干燥至恒重。

五、结果与讨论

1. 计算聚合物收率（%）。
2. 测定聚合物的分子量。

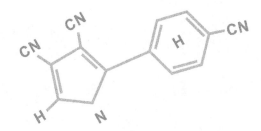

高分子物理实验部分

实验22 偏光显微镜法观察聚合物球晶形态并测定球晶的径向生长速率

一、实验目的

1. 了解偏光显微镜的基本结构和原理；
2. 掌握偏光显微镜的使用方法；
3. 用偏光显微镜观察不同结晶温度下得到的球晶的形态，估算聚丙烯试样球晶大小。

二、实验原理

聚合物的结晶受外界条件影响很大，而结晶聚合物的性能与其结晶形态等有密切的关系，所以对聚合物的结晶形态研究有着很重要的意义。聚合物在不同条件下形成不同的结晶，比如单晶、球晶、纤维晶等。除了球晶外，其他结晶形态都要在特殊的条件下或具有特殊结构的聚合物才能形成，而球晶是聚合物结晶时最常见的一种形态。当结晶聚合物在不存在应力和流动的情况下，由熔融冷却或由玻璃态升温或从浓溶液中析出结晶时，一般都呈现球形外观的晶体，故称为球晶。球晶的基本结构单元是具有折叠链结构的片晶，球晶是从一个中心（晶核）在三维方向上一齐向外生长而形成的径向对称的结构，即一个球状聚集体（图1）。

球晶可以长得比较大，直径甚至可以达到厘米数量级。球晶是从一个晶核在三维方向上一齐向外生长而形成的径向对称的结构，由于是各向异性的，就会产生双折射的性质。聚合物球晶在偏光显微镜的正交偏振片之间呈现出特有的黑十字消光图形（图2），因此，普通的偏光显微镜就可以对球晶进行观察。偏光显微镜的最佳分辨率为200nm，有效放大倍数超过100～630倍，与电子显微镜、X射线衍射法结合可提供较全面的晶体结构信息。

用偏光显微镜研究聚合物的结晶形态是目前实验室中较为简便而实用的方法。光是电磁波，也就是横波，它的传播方向与振动方向垂直。但对于自然光来说，它的振动方向均匀分布，没有任何方向占优势。但是自然光通过反射、折射或选择吸收后，可以转变为只在一个

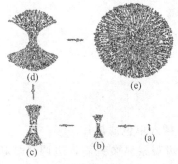

图1 球晶生长过程

图2 球晶在偏光显微镜下
呈现的黑十字消光条纹

方向上振动的光波，即偏振光。一束自然光经过两片偏振片，如果两个偏振轴相互垂直，光线就无法通过了。

光波在各向异性介质中传播时，其传播速度随振动方向不同而变化。折射率值也随之改变，一般都发生双折射，分解成振动方向相互垂直、传播速度不同、折射率不同的两条偏振光。而这两束偏振光通过第二个偏振片时，只有在与第二偏振轴平行方向的光线可以通过，而通过的两束光由于光程差将会发生干涉现象。

在正交偏光显微镜下观察，非晶体聚合物因为其各向同性，没有发生双折射现象，光线被正交的偏振镜阻碍，视场黑暗。球晶会呈现出特有的黑十字消光现象，黑十字的两臂分别平行于两偏振轴的方向。而除了偏振片的振动方向外，其余部分就出现了因折射而产生的光亮。在偏振光条件下，还可以观察晶体的形态，测定晶粒大小和研究晶体的多色性等。

三、主要试剂与仪器

1. 偏光显微镜（图 3）及电脑一台、附件一盒、擦镜纸、镊子。
2. 熔融装置，结晶装置。
3. 盖玻片、载玻片。
4. 聚丙烯。

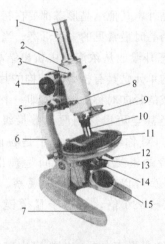

图 3　偏光显微镜结构示意

1—目镜；2—镜筒；3—勃氏镜；4—粗动手轮；5—微调
手轮；6—镜臂；7—镜座；8—上偏光镜；9—试板孔；
10—物镜；11—载物台；12—聚光镜；13—锁光圈；
14—下偏光镜；15—反光镜

四、实验步骤

1. 启动电脑，打开显微镜摄像程序。
2. 显微镜调整
（1）预先打开汞弧灯 10min，以获得稳定的光强，插入单色滤波片。
（2）去掉显微镜目镜，起偏片和检偏片置于 90°，边观察显微镜筒，边调节灯和反光镜的位置，如需要可调整检偏片以获得完全消光（视野尽可能暗）。
3. 聚丙烯的结晶形态观察

（1）将载玻片放在 260℃ 的电炉上恒温。

（2）将 1～2 颗聚丙烯颗粒放到载玻片上。

（3）待颗粒熔融后，以 45°斜角盖上另一片载玻片，加压成膜；然后迅速转移到 50℃ 的热台使之结晶，在偏光显微镜下观察球晶体，观察黑十字消光及干涉色。

（4）拉开摄像杆，微调至在屏幕上观察到清晰球晶体，保存图像，把同样的样品在熔融后于 100℃ 和 0℃ 条件下结晶，分别在电脑上保存清晰的图案。

4. 聚丙烯球晶尺寸的测定

测定聚合物球晶体大小。聚合物晶体薄片放在正交显微镜下观察，用显微镜目镜分度尺测量球晶直径，测定步骤如下。

（1）将带有分度尺的目镜插入镜筒内，将载物台显微尺置于载物台上，使视区内同时见两尺。

（2）调节焦距使两尺平行排列、刻度清楚。并使两零点相互重合，即可算出目镜分度尺的值。

（3）取走载物台显微尺，将预测之样品置于载物台视域中心，观察并记录晶形，读出球晶在目镜分度尺上的刻度，即可算出球晶直径大小。

5. 球晶生长速度的测定

（1）将聚丙烯样品在 200℃ 下熔融，然后迅速放在 25℃ 的热台上，每隔 10min 把球晶的形态保存下来、直到球晶的大小不再变化为止。

（2）对照照片，测量出不同时间球晶的大小，用球晶半径对时间作图，得到球晶生长速度。

6. 测定在不同温度下结晶的聚丙烯晶体的熔点

（1）预先把电热板调节到 200℃，使聚丙烯充分熔融，然后分别在 20℃、25℃、30℃ 下结晶。每个结晶样品置于偏光显微镜的热台上加热，观察黑十字开始消失的温度、消失一半的温度和全部消失的温度，记下这三个熔融温度。

（2）实验完毕，关掉热台的电源，从显微镜上取下热台。

（3）关闭汞弧灯。

五、思考题

1. 解释聚合物球晶在正交偏光系统下黑十字消光及消光环成因。

2. 聚合物结晶过程有何特点？形态特征如何？

3. 球晶大小与结晶温度的依赖关系怎样？

实验23 浊度滴定法测定聚合物的溶度参数

一、实验目的

1. 掌握用浊度滴定法测定聚合物的溶度参数的方法；
2. 了解溶度参数的基本概念和实用意义；
3. 了解聚合物溶解过程溶剂的选择及影响溶解情况的因素。

二、实验原理

高聚物的溶度参数常被用于判别聚合物与溶剂的互溶性，对于选择高聚物的溶剂或稀释剂有着重要的参考价值。低分子化合物低溶度参数一般是从汽化热直接测得，高聚物由于其分子间的相互作用能很大，欲使其汽化较困难，往往未达汽化点已先裂解。所以聚合物的溶度参数不能直接从汽化能测得，而是用间接方法测定。

常用的有平衡溶胀法（测定交联聚合物）浊度法、黏度法等。

浊度滴定法：在二元互溶体系中，只要某聚合物定溶度参数 δ_p 在两个互溶溶剂的 δ 值的范围内，我们便可能调节这两个互溶混合溶剂的溶度参数（δ_{sm}），使 δ_{sm} 值和 δ_p 很接近，这样，我们只要把两个互溶溶剂按照一定的百分比配制成混合溶剂，该混合溶剂的溶度参数 δ_{sm} 可近似地表示为：

$$\delta_{sm} = \varphi_1\delta_1 + \varphi_2\delta_2 \tag{1}$$

式中，φ_1，φ_2 分别表示溶液中组分 1 和组分 2 的体积分数；δ_1，δ_2 分别表示组分 1 和组分 2 的溶度参数。

浊度滴定法是将待测聚合物溶于某一溶剂中，然后用沉淀剂（能与该溶剂混溶）来滴定，直至溶液开始出现混浊为止。这样，我们便得到在混浊点混合溶剂的溶度参数 δ_{sm} 值。

聚合物溶于二元互溶溶剂的体系中，允许体系的溶度参数有一个范围。本实验我们选用两种具有不同溶度参数的沉淀剂来滴定聚合物溶液，这样得到溶解该聚合物混合溶剂参数的上限和下限，然后取其平均值，即为聚合物的 δ_p 值。

$$\delta_p = \frac{1}{2}(\delta_{mh} + \delta_{ml}) \tag{2}$$

式中，δ_{mh} 和 δ_{ml} 分别为高、低溶度参数的沉淀剂滴定聚合物溶液，在混浊点时混合溶剂的溶度参数。

三、主要试剂与仪器

试剂：粉末聚苯乙烯样品，氯仿，正戊烷，甲醇。

仪器：10mL 滴定管两个，大试管（25mm×200mm）4 个，5mL 和 10mL 移液管各一支，25mL 容量瓶一个，50mL 烧杯一个。

四、实验步骤

1. 溶剂和沉淀剂的选择

首先确定聚合物样品溶度参数 δ_p 的范围。取少量样品，在不同 δ 的溶剂中作溶解试验，在室温下如果不溶或溶解较慢，可以把聚合物和溶剂一起加热，并把热溶液冷却至室温，以不析出沉淀才认为是可溶的。从中挑选合适的溶剂和沉淀剂。

2. 根据选定的溶剂配制聚合物溶液

称取 0.2g 左右的聚合物样品（本实验采用聚苯乙烯）溶于 25mL 的溶剂中（用氯仿作溶剂）。用移液管吸取 5mL 溶液，置于一试管中，先用正戊烷滴定聚合物溶液，出现沉淀。振荡试管，使沉淀溶解。继续滴入正戊烷，沉淀逐渐难以振荡溶解。滴定至出现的沉淀刚好无法溶解为止，记下用去的正戊烷体积。再用甲醇滴定，操作同正戊烷，记下所用甲醇体积。

3. 分别称取 0.1g、0.05g 左右的上述聚合物样品，溶于 25mL 的溶剂中，同上操作进行滴定。

五、数据处理

1. 根据式（1）计算混合溶剂的溶度参数 δ_{mh} 和 δ_{ml}。
2. 由式（2）计算聚合物的溶度参数 δ_p。

六、思考题

在浊度法测定聚合物溶度参数时，应根据什么原则考虑适当的溶剂及沉淀剂？溶剂与聚合物之间溶度参数相近是否一定能保证两者相容？为什么？

实验24　溶胀法测定天然橡胶的交联度

对于交联聚合物，与交联度直接相关的有效链平均相对分子质量是一个重要的结构参数，$\overline{M}_c$ 的大小对于交联聚合物的物理力学性能具有很大的影响。因此，测定和研究聚合物的溶度参数与交联度十分重要，是平衡溶胀法测定交联聚合物的有效平均相对分子质量的一种简单易行的方法。

一、实验目的

1. 掌握溶胀法测定交联聚合物平均相对分子质量 $\overline{M}_c$ 的基本原理及实验技术；
2. 了解交联密度测定仪的工作原理；
3. 熟悉交联聚合物的性能与交联度的关系。

二、实验原理

交联聚合物在适当的溶剂中，特别是在其良溶液中，由于溶剂的溶剂化作用，溶剂小分子能够钻到交联聚合物的交联的网络中去，使网格伸展，总体积随之增大，这种现象称为溶胀。溶胀是交联聚合物的一种特性，即使在良溶液中交联的聚合物也只能溶胀到某一程度，而不能溶解。交联聚合物的溶胀过程也包括两个部分：一方面溶剂力图渗入聚合物内部使其体积膨胀；另一方面由于交联聚合物体积膨胀而导致网状分子链向三度空间伸展，使分子网受到应力产生弹性收缩能，力图使分子网收缩。当两种相反倾向互相抵消时，达到了溶胀平衡溶胀停止。

在溶胀过程中，溶胀体内的混合自由能变化 ΔF 应由两部分组成：一部分是高分子与溶剂的混合自由能 ΔF_m，另一部分是分子网的弹性自由能 ΔF_{el}。

$$\Delta F = \Delta F_m + \Delta F_{el} \tag{1}$$

根据晶格理论，高分子与溶剂混合自由能为：

$$\Delta F_m = RT(n_1 \ln\varphi_1 + n_2 \ln\varphi_2 + \chi_1 n_1 \varphi_2) \tag{2}$$

式中，n_1，n_2 分别表示溶剂和聚合物的物质的量；φ_1，φ_2 分别表示未溶溶剂和聚合物的体积分数；χ_1 为溶剂-大分子相互作用参数。

交联聚合物的溶胀过程类似橡皮的形成过程，因此，由高弹统计理论得知：

$$\Delta F_{el} = \frac{1}{2}NkT(\lambda_1^2 + \lambda_2^2 + \lambda_3^2 - 3) \tag{3}$$

式中，N 为单位体积内交联的数目；λ_1，λ_2，λ_3 分别表示 x，y，z 方向上的拉伸长度比；T 为温度；k 为玻尔兹曼常数。

假定试样是各向同性的自由溶胀，则：

$$\lambda_1 = \lambda_2 = \lambda_3 = \lambda \tag{4}$$

式(3)就可以写为：

$$\Delta F_{el} = \frac{3}{2} NkT(\lambda^2 - 1) = \frac{3}{2} \times \frac{RT}{\overline{M}_c}(\lambda^2 - 1) \qquad (5)$$

式中，$\overline{M}_c$ 为两交联点之间的平均相对分子质量。

如果试样未溶胀时的体积是 $1cm^3$ 的立方体，溶胀后的每边长为 λ（图 1），则：

$$\varphi_2 = \frac{1}{\lambda^3} \qquad (6)$$

式(6) 代入式(5)，并求溶剂的偏摩尔
弹性自由能。

$$\Delta\mu_1^{el} = \frac{\partial \Delta F_{el}}{\partial n_1} = \frac{\rho RT}{\overline{M}_c} \widetilde{V}_1 \varphi_2^{\frac{1}{3}} \qquad (7)$$

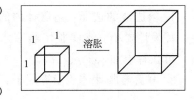

图 1 橡胶溶胀示意

式中，$\widetilde{V}_1$ 为溶剂的偏摩尔体积。

聚合物溶液的偏摩尔自由能为：

$$\Delta\mu_1^{m} = \frac{\partial \Delta F_m}{\partial n_1} = RT\left[\ln\varphi_1 + \varphi_2\left(1 - \frac{1}{X}\right) + \chi_1\varphi_2^2\right] \qquad (8)$$

交联聚合物的 $\chi \rightarrow \infty$，因此有：

$$\Delta\mu_1^{m} = RT[\ln\varphi_1 + \varphi_2 + \chi_1\varphi_2^2] \qquad (9)$$

溶胀达到平衡时，有：

$$\Delta\mu_1 = \Delta\mu_1^{m} + \Delta\mu_1^{el} = 0 \qquad (10)$$

$$\ln(1-\varphi_2) + \varphi_2 + \chi_1\varphi_2^2 + \frac{\rho\widetilde{V}_1}{\overline{M}_c}\varphi_2^{1/3} = 0 \qquad (11)$$

当已知了 χ_1 后，只要测定 φ_2（聚合物在溶胀平衡时的溶胀体中所占的体积分数），就可由式(11) 计算出交联点之间的平均相对分子质量 $\overline{M}_c$。$\overline{M}_c$ 是交联程度的一种度量，$\overline{M}_c$ 越大，交联点之间的分子链越长，交联程度越小；$\overline{M}_c$ 越小，则交联程度越大。一般定义交联度为：

$$q = \frac{W}{M_c} \qquad (12)$$

式中，q 为交联度；W 为交联聚合物中一个单体链节的相对分子质量。

在这里要注意的是，溶胀法测交联度仅使用于中等交联度的聚合物。交联程度太大或太小的聚合物都不适用以溶胀法测其交联度。

三、主要试剂与仪器

溶胀计；镊子；大试管（具塞）；50mL 烧杯；恒温水槽一套；不同交联度的天然橡胶样品各 10g；苯 500mL。

溶胀计如图 2 所示。物体在液体中所排开的液体的量即是物体自身的容量。聚合物溶胀凝胶中的体积分数就可以用容量法直接测量聚合物溶胀前后体积的变化求得。

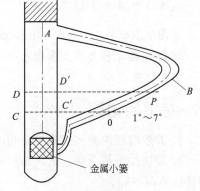

图 2 溶胀计

溶胀计中：A 为主管，直径约 2cm；B 为毛细管，直径约 2～3mm（管径均匀与水平夹角约 7°左右，其后面附有标尺）。若主管内液面从 CC' 上升至 DD'，液面高度增加 CD，此时毛细管内液面变化为 OP，而且 $OP \gg CD$，这样就能大大提高测量的灵敏度。

四、实验步骤

1. 溶胀液的选择：溶胀计内的溶胀液应与待测试样不发生化学反应及物理作用，且毒性、挥发性要小。本实验用蒸馏水。为了减少液体表面张力，更好与待测固体样品表面湿润，可在管中加入少量乙醇。

2. 测量溶胀计体积换算因子：要确定主管内体积的增加与毛细管内液面移动距离的对应值 Q，可用已知密度的金属镍小球若干个，称重并计算出其体积 $\widetilde{V}_1$，然后放入溶胀计内，量出毛细管内液面移动距离。

$$Q = \frac{\widetilde{V}_1}{l} \quad (\text{mL/mm}) \tag{13}$$

3. 测出试样天然橡胶的体积，然后装入试管内，加苯作溶胀剂（加入的苯量约至试管的 1/3 处）。将此试管用塞子塞紧，置于恒温水槽中，25℃恒温。定时测试样的体积，开始时间隔短一些，2h 一次，以后每 4h 一次。

4. 将溶胀过的试样，先用滤纸将其表面的多余溶剂吸干，放入金属小篓内。赶净毛细管内气泡，测出毛细管内液面移动的距离（即此时毛细管液面读数与为放入试样前液面读数之差），乘以 Q 值就是主管体积变化，即试样体积。溶胀前测得试样体积为 V_1，溶胀后测得体积为 V_2，则：

$$\Delta V = V_2 - V_1 \tag{14}$$

即为试样体积的增加量（也就是溶剂渗透到试样内的体积）。间隔一定时间测一次体积变化，直至试样体积不再变化，即溶胀平衡为止。

五、数据处理

1. 以体积增加量 ΔV 对时间 t 作图，即为溶胀曲线图。求出溶胀平衡时间的体积增加量。

2. 计算天然橡胶在溶胀平衡时的溶胀体中所占的体积分数 φ_2，并代入式(11)，求出交联点的平均相对分子质量 $\overline{M}_c$，再由式(12)求出交联度 q 值。

该体系中温度为 25℃。

苯的摩尔体积 $\widetilde{V}_1$ 为 89.4mL/mol。

聚合物-溶剂相互作用参数 $\chi_1 = 0.437$。

聚合物密度 $\rho = 0.9734\text{g/cm}^3$。

六、结果与讨论

1. 简述溶胀法测定交联聚合物的交联度的优点和局限性。

2. 简述线型聚合物、网状结构聚合物以及体型结构聚合物在适当的溶剂中，它们的溶胀情况有何不同。

实验25 密度梯度管法测定聚合物的密度和结晶度

密度梯度法是测定聚合物密度的方法之一。聚合物的密度是聚合物的重要参数。聚合物结晶过程中密度变化的测定，可研究结晶度和结晶速率；拉伸、退火可以改变取向度和结晶度，也可通过密度来进行研究；对许多结晶性聚合物其结晶度的大小对聚合物的性能、加工条件选择及应用都有很大影响。聚合物的结晶度的测定方法虽有 X 射线衍射法、红外吸收光谱法、核磁共振法、示差扫描量热法等，但都要使用复杂的仪器设备。而用密度梯度管法从测得的密度换算到结晶度，既简单易行又较为准确。而且它能同时测定一定范围内多个不同密度的样品，尤其对很小的样品或是密度改变极小的一组样品，需要高灵敏的测定方法来观察其密度改变，此法既方便又灵敏。

一、实验目的

1. 掌握用密度梯度法测定聚合物密度、结晶度的基本原理和方法；
2. 利用文献上某些结晶性聚合物 PE 和 PP 晶区和非晶区的密度数据，计算结晶度。

二、实验原理

由于高分子结构的不均一性，大分子内摩擦的阻碍等原因，聚合物的结晶总是不完善的，而是晶相与非晶相共存的两相结构，结晶度 f_w 即表征聚合物样品中晶区部分重量占全部重量的百分数：

$$f_w = \frac{晶区重量}{晶区重量 + 非晶区重量} \times 100\% \tag{1}$$

在结晶聚合物中（如 PP、PE 等），晶相结构排列规则，堆砌紧密，因而密度大；而非晶结构排列无序，堆砌松散，密度小。所以，晶区与非晶区以不同比例两相共存的聚合物，结晶度的差别反映了密度的差别。测定聚合物样品的密度，便可求出聚合物的结晶度。

密度梯度法测定结晶度的原理就是在此基础上，利用聚合物比体积的线性加和关系，即聚合物的比容是晶区部分比体积与无定形部分比体积之和。聚合物的比体积 $\overline{V}$ 和结晶度 f_w 有如下关系：

$$\overline{V} = \overline{V}_c f_w + \overline{V}_a (1 - f_w) \tag{2}$$

式中，$\overline{V}_c$ 为样品中结晶区比体积，可以从 X 射线衍射分析所得的晶胞参数计算求得；$\overline{V}_a$ 为样品中无定形区的比体积，可以用膨胀计测定不同温度时该聚合物熔体的比体积，然后外推得到该温度时非晶区的比体积 $\overline{V}_a$ 的数值。

根据式(2)，样品的结晶度可按式(3) 计算：

$$f_{\text{w}} = \frac{\overline{V} - \overline{V}_{\text{a}}}{\overline{V}_{\text{c}} - \overline{V}_{\text{a}}} \times 100\% = \frac{\rho_{\text{c}}(\rho - \rho_{\text{a}})}{\rho(\rho_{\text{c}} - \rho_{\text{a}})} \times 100\% \qquad (3)$$

比体积为密度的倒数，即 $\overline{V} = \dfrac{1}{\rho}$。这里 ρ_{c} 为被测聚合物完全结晶（即 100% 结晶）时的密度，ρ_{a} 为无定形时的密度，从测得聚合物试样的密度 ρ 可算出结晶度 f_{w}。

将两种密度不同又能互相混溶的液体置于管筒状玻璃容器中，高密度液体在下，低密度液体轻轻沿壁倒入，由于液体分子的扩散作用，使两种液体界面被适当地混合，达到扩散平衡，形成密度从上至下逐渐增大，并呈现连续的线性分布的液柱，俗称密度梯度管。将已知准确密度的玻璃小球投入管中，标定液柱密度的分布，以小球密度对其在液柱中的高度作图，得一曲线（图1），其中间一段呈直线，两端略弯曲。向管中投入被测试样后，试样下沉至与其密度相等的位置就悬浮着，测试试样在管中的高度后，由密度-液柱高度的直线关系图上查出试样的密度。也可用内插法计算试样的密度。

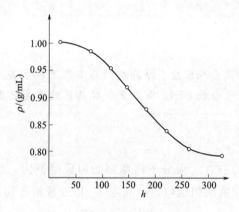

图1　密度梯度管的标定曲线

（水-乙醇）

三、主要试剂与仪器

试剂：水、工业乙醇、聚乙烯、聚丙烯（小粒样品）。

仪器：带磨口塞玻璃密度梯度管、恒温槽、测高仪、标准玻璃小球一组、密度计、磁力搅拌器。

四、实验步骤

1. 密度梯度管的制备

根据欲测试样密度的大小和范围，确定梯度管测量范围的上限和下限，然后选择两种合适的液体，使轻液的密度等于上限，重液的密度等于下限。同时应该注意到，如选用的两种液体密度值相差大，所配制成的梯度管的密度梯度范围就大，密度随高度的变化率较大，因而在同样高度管中其精确度就低。选择好液体体系是很重要的，常用的典型体系见表1所列。某些高聚物的晶态与非晶态的密度见表2所列。

表 1 常用的密度梯度管溶液体系	
体 系	密度范围/(g/cm³)
甲醇-苯甲醇	0.80～0.92
异丙醇-水	0.79～1.00
乙醇-水	0.79～1.00
异丙醇-缩乙二醇	0.79～1.11
乙醇-四氯化碳	0.79～1.59
甲苯-四氯化碳	0.87～1.59
水-溴化钠	1.00～1.41
水-硝酸钙	1.00～1.60
四氯化碳-二溴丙烷	1.60～1.99
二溴丙烷-二溴乙烷	1.99～2.18
1,2-二溴乙烷-溴仿	2.18～2.29

表 2 某些高聚物的晶态与非晶态的密度		
高聚物	密度/(g/cm³)	
	ρ_c	ρ_a
高密度聚乙烯	1.014	0.854
全同聚丙烯	0.936	0.854
等规聚苯乙烯	1.120	1.052
聚甲醛	1.506	1.215
全同聚-1-丁烯	0.95	0.868
天然橡胶	1.00	0.91
尼龙 6	1.230	1.084
尼龙 66	1.220	1.069
聚对苯二甲酸乙二酯	1.455	1.336

选择密度梯度管的液体，除满足所需密度范围外还要求：①不被试样吸收，不与试样起任何物理、化学反应；②两种液体能以任何比例相互混合；③两种液体混合时不发生化学作用；④具有低的黏度和挥发性。

本实验测定聚乙烯和聚丙烯的密度，样品能吸湿，选用水-工业乙醇体系。

密度梯度管的配制方法简单，一般有三种方法。

(1) 两段扩散法　先把重液倒入梯度管的下半段（为总液体量的一半），再把轻液非常缓慢地沿管壁倒入管内的上半段，两段液体间应有清晰的界面。切勿使液体冲流造成过度的混合。导致非自行扩散而影响密度梯度的形成。然后用一根长的搅拌棒轻轻插至两段液体的界面作旋转搅动约10s，至界面消失。梯度管盖上磨口塞后，平稳移入恒温槽中，梯度管内液面应低于槽内水的液面恒温放置约24h后，梯度即能稳定，可以应用。这种方法形成梯度的扩散过程较长，而且密度梯度的分布呈反"S"形曲线，两段略弯曲，只有中间的一段直线才是有效的梯度范围（图1）。

(2) 分段添加法　选用两种能达到所需密度范围的液体配成密度有一定差数的四种或更多种混合液，然后依次由重而轻取等体积的各种混合液，小心缓慢地加入管中，按上述的搅动方式使每层液体间的界面消失，亦可不加搅拌。恒温放置数小时后梯度管即可稳定。显然，管中液体的层次越多，液体分子的扩散过程就越短，得到的密度梯度也就越接近线性分布。但是，要配成一系列等差密度的混合液较为烦琐。

(3) 连续注入法　如图2所示，A、B是两个同样大小的玻璃圆筒，A盛轻液，B盛重液，它们的体积之和为密度梯度管的体积，B管下部有搅拌子在搅拌，初始流入梯度管的是重液，开始流动后B管的密度就慢慢变化，显然梯度管中液体密度变化与B管的变化是一致的。

2. 密度梯度管的校验

配制成的密度梯度管在使用前一定要进行校验，观察是否得到较好的线性梯度和精确度。校验方法是将已知密度（见六、附注）的一组玻璃小球（直径为3mm左右），由比重大至小依次投入管内，平衡后（一般要2h左右）用测高仪测定小球悬浮在管内

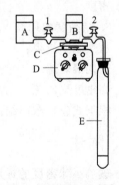

图 2 连续注入法制备
密度梯度管装置

A—轻液容器；B—重液容器；C—搅拌子；D—磁力搅拌器；E—梯度管；1,2—活塞

的重心高度，然后做出小球密度对小球高度的曲线，如果得到的是一条不规则曲线，必须重新制备梯度管。校验后梯度管中任何一点的密度可以从标定曲线上查得。密度梯度是非平衡体系，随温度和使用的操作等原因会使标定曲线发生改变。标定后，小球可停留在管中作参考点，实验中已知密度的一组玻璃浮标（玻璃小球）8个，每隔15min，记录一次高度，在连续两次之间各个浮标的位置读数，相差在±0.1mm时，就可以认为浮标已经达到平衡位置（一般约需2h）。

　　3. 聚合物密度测定

　　(1) 把待测样品用容器分别盛好，放入60℃的真空烘箱中，干燥24h，取出放于干燥器中待测。

　　(2) 取准备好的样品（聚乙烯、聚丙烯）先用轻液浸润试样，避免附着气泡，然后轻轻放入管中，平衡后，测定试样在管中的高度，重复测定3次。

　　(3) 测试完毕，用金属丝网勺按由上至下的次序轻轻地逐个捞起小球，并且事先将标号袋由小到大严格排好次序，使每取出一个小球即装入相应的袋中，待全部玻璃小球及试样依次捞起后，盖上密度梯度管盖子。

五、数据记录及处理

　　1. 标定曲线，按下表记录实验数据，并作出标定曲线。

浮标密度

立即下降高度

15min后高度

30min后高度

　　2. 试样密度的测定

试样名称

立即下降高度

15min后高度

30min后高度

密度

　　3. 结晶度的计算

从文献上查得：

全同聚丙烯　　　晶区密度 $\rho_c=0.936$，非晶区密度 $\rho_a=0.854$

高密度聚乙烯　　晶区密度 $\rho_c=1.014$，非晶区密度 $\rho_a=0.854$

根据式(3)求出结晶度

六、附注

　　玻璃小球密度的标定如下所述。

　　制成的颗粒玻璃小球的玻璃壁厚度不同，得到密度不同的玻璃小球。首先可把它们分成不同密度范围的几个组，这种分类可用不同密度的混合液体，根据小球在这些溶液中沉浮的情况来判断，然后取我们校正密度梯度管所需的密度范围内的小球来进行逐个标定。标定的方法是：在恒定的温度下，在带有磨口塞的量筒或管状容器中，先配成一种混合液体，其密度与所需的最低密度相同，把玻璃小球放入液体中，大于液体密度的小球都沉在底部，当温度达到平衡后，逐滴加入重液使液体密度逐渐增大，同时均匀搅拌，直到有一小球上升即浮在液体中间，盖紧磨口塞，使小球保持停止不动至少 15min，然后，用精密的比重计测定密度，更精确的测量，待混合液体倒入比重瓶中（已核准好的）称重，求得混合液体的密度，即小球的密度。

七、思考题

1. 如要测定一个样品密度，是否一定要用密度梯度管，还可以用什么方法测定？
2. 影响密度梯度管精确度的因素是什么？

实验26 落球法测聚合物熔体切黏度

一、实验目的

1. 观察液体的内摩擦现象，学会用落球法测量聚合物熔体的黏度；
2. 掌握基本仪器（如游标卡尺、螺旋测微器、秒表、比重计等）的使用。

二、实验原理

黏度是表征高聚物熔体和溶液流动性的指标。高聚物熔体的流动性是影响成型加工的重要因素，并最终会影响高聚物产品的物理性能，例如，分子取向对模塑产品、薄膜和纤维的力学性能有很大的影响，而取向的方式和程度主要由成型加工过程中流动的特点和高聚物的流动行为所决定。因此测定物料的流变性能、了解物料流动性能大小及流变规律，对控制成型加工工艺及提高产品质量有着重要意义。

高聚物熔体切黏度的测定方法主要有三种：落球式黏度计、毛细管流变仪和旋转黏度计（同轴圆筒或锥板）。落球式黏度计（ball viscometer）可测定极低速率下的切黏度，适合测定具有较高切黏度的牛顿流体。其原理是，当一个半径为 r、密度为 ρ_s 的球体，在黏度 η、密度为 ρ 的无限延伸的流体（即流体盛于无限大的容器中）运动时，按斯托克斯定律，小球所受阻力为：

$$f = 6\pi\eta v \tag{1}$$

式中，v 为小球下落的速度。

圆球在流体中下落的动力为重力与浮力之差，即：

$$F = \frac{4}{3}\pi r^3 (\rho_s - \rho) g \tag{2}$$

式中，g 为重力加速度。

动力 F 一方面使小球加速，并以速度 v 运动，另一方面用来克服受到的来自流体的黏滞阻力。根据牛顿第二定律可以得出运动方程为：

$$\frac{4}{3}\pi r^3 \rho_s \frac{\mathrm{d}v}{\mathrm{d}t} = \frac{4}{3}\pi r^3 (\rho_s - \rho) - 6\pi\eta r v \tag{3}$$

当达到稳态，即圆球匀速下落时，$\frac{\mathrm{d}v}{\mathrm{d}t} = 0$，因此，从式(3) 可得：

$$\eta = \frac{2}{9} \times \frac{(\rho_s - \rho) g r^2}{v} \tag{4}$$

这就是斯托克斯方程，测定的黏度为零切变速率黏度或为零切黏度，在推导此式的过程中作了流体无限延伸的假设，但黏度计的直径 D 是有限的，故必须对管壁进行校正，在低雷诺数（小于5）的范围内，校正公式为：

$$\eta = \frac{2}{9} \times \frac{(\rho_s - \rho) g r^2}{v} \left[1 - 2.104 \frac{d}{D} + 2.09 \left(\frac{d}{D}\right)^2 - K \right] \tag{5}$$

式中，d 为圆球的直径；K 为修正系数，一般取 2.4，也可以由实验确定。

从落球法实验中，得不到切应力、切变速率等基本流变学参数，但由于落球法是在低切变速率下进行黏度测定的，因此可以作为毛细管流变仪即旋转黏度计在测定流变曲线是低剪切速率下的补充。

三、实验试剂与仪器

落球黏度计（图1）。各种规格的小球，游标卡尺，螺旋测微器，米尺，秒表，比重计，温度计等。

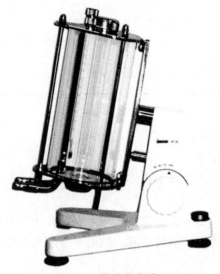

图 1　落球黏度计

四、准备工作

1. 教师在课前选定合适的实验条件（小球材料及大小的选择、小球的收尾速度的确定、实验温度，测量修正系数）。

2. 把落球黏度计升温到预定温度。

五、实验步骤

1. 确定管外标志线 AA' 和 BB'。

2. 待聚合物熔体稳定后，放入小球，注意使小球运动过程中不产生漩涡。测量小球经过两条标志线的距离 s 所用的时间 t。

六、注意事项

1. 实验中应保证小球沿圆管的中心轴线下降。

2. 注意小球通过玻璃管标志线时，要使视线水平，一减少误差。

3. 每次时间测 3 次，之间的误差不要超过 0.2s。

七、实验记录

1. 实验数据记录

（1）实验条件

实验温度：_____

（2）基本实验参数

样　品	聚合物密度 $\rho/(\mathrm{g/cm^3})$	小球半径 r/cm	小球直径 d/cm	小球密度 $\rho_s/(\mathrm{g/cm^3})$	黏度计直径 D/cm

（3）测量数据

标志线间距 /cm	小球经过标志线的时间（平行测定三次） /s			
	1	2	3	平均值

2. 数据处理

（1）计算小球的收尾速度 v；

（2）计算熔体的零切黏度 η。

将计算出的 v 及实验相关的实验参数带入式（5）中，计算聚合物的熔体黏度。

3. 回答问题及讨论

（1）高聚物熔体切黏度的测定方法主要有几种？各有什么实用范围？

（2）如何保证小球沿圆管中心轴线下落？如果下落过程中偏离中心轴线，对实验结果有误影响？

（3）测量的起始点可否选取液面？为什么？

实验27 聚合物的热谱分析 —— 差示扫描量热法

差热分析是在程序控制温度下，测量物质与参比物之间的温度差与温度关系的一种技术，简称 DTA(differential thermal analysis)。试样在升（降）温过程中，发生吸热或放热，在差热曲线上就会出现吸热或放热峰。试样发生力学状态变化时（如玻璃化转变），虽无吸热或放热，但比热有突变，在差热曲线上是基线的突然变动。在 DTA 基础上增加一个补偿加热器而成的另一种技术是差示扫描量热法，简称 DSC(differential scanning calorimetry)。DSC 直接反映试样在转变时的热量变化，便于定量测定，而且分辨率和重现性也比 DTA 好。由于以上优点，DSC 在聚合物领域获得了广泛应用，灵敏度和精确度更高，试样用量更少，广泛应用于研究聚合物相转变，测定结晶温度 T_c、熔点 T_m、结晶度 X_c，结晶动力学参数，玻璃化转变温度 T_g；研究聚合、固化、交联、氧化、分解等反应，测定反应热、反应动力学参数等。

一、实验目的

1. 了解 DSC 的原理；
2. 掌握用 DSC 测定聚合物的 T_g、T_c、T_m、X_c。

二、实验原理

图 1 是聚合物 DSC 曲线模式。当温度达到玻璃化转变温度 T_g 时，试样的热容增大就需要吸收更多的热量，使基线发生位移。假如试样是能够结晶的，并且处于过冷的非晶状态，那么在 T_g 以上可以进行结晶，同时放出大量的结晶热而产生一个放热峰。进一步升温，结晶熔融吸热，出现吸热峰。再进一步升温，试样可能发生氧化、交联反应而放热，出现放热峰，最后试样则发生分解，吸热，出现吸热峰。当然并不是所有的聚合物试样都存在上述全部物理变化和化学变化。

确定 T_g 的方法是由玻璃化转变前后的直线部分取切线，再在实验曲线上取一点，如图

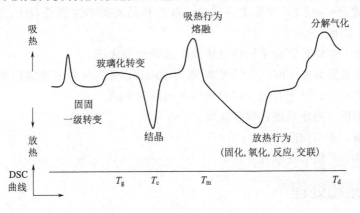

图 1　聚合物 DSC 曲线模式

2(a)，使其平分两切线间的距离 Δ，这一点所对应的温度即为 T_g。T_m 的确定，对低分子纯物质来说，像苯甲酸，如图 2（b）所示，由峰的前部斜率最大处作切线与基线延长线相交，此点所对应的温度取作为 T_m。取峰顶温度作为 T_m。T_c 通常也是取峰顶温度。

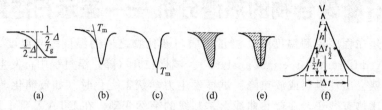

图 2 T_g、T_m 和峰面积的确定

对聚合物来说，如图 2（c）所示，由峰的两边斜率最大处引切线，相交点所对应的温度取作为 T_m，或峰面积的取法如图 2（d、e）所示。可用求积仪或数格法、剪纸称重法量出面积。如果峰前峰后基线基本呈水平，峰对称，其面积以峰高乘半宽度，即 $A=h\times\Delta t_{\frac{1}{2}}$，如图 2（f）所示。

热效应的计算如下。

有了峰（谷）的面积后就能求得过程的热效应。DSC 中峰（谷）的面积大小是直接和试样放出（吸收）的热量有关：$\Delta Q=KA$，系数 K 可用标准物确定；而仪器的差动热量补偿部件也能计算。

由 K 值和测试试样的重量、峰面积可求得试样的熔融热 ΔH_f（J/mg），若百分之百结晶的试样的熔融热 ΔH_f^* 是已知的，则可按式（1）计算试样的结晶度：

$$结晶度\ X_c=\Delta H_f/\Delta H_f^*\times100\%\tag{1}$$

三、主要试剂与仪器

试剂：聚乙烯、聚对苯二甲酸乙二醇酯等，参比物为 α-Al_2O_3。

仪器：TA 公司 Q200 型差示量热扫描仪。

四、实验步骤

1. 开机预热 30min。
2. 转动手柄将电炉的炉体升到顶部，然后将炉体向前方转出。
3. 准确称量 5～6mg PE 样品于坩埚中，放在样品支架的左侧托盘上，α-Al_2O_3 参比坩埚放在右侧的托盘上。
4. 小心地合上炉体，转动手柄将电炉的炉体降回到底部。
5. 设定升温范围为 0～300℃，升温时间为 30min，并在软件中设定相关参数。
6. 打开加热开关，开始升温，同时软件开始采集曲线。
7. 测量结束后，停止采集，保存曲线。
8. 停止升温，关闭加热开关。
9. 关闭软件，关闭各仪器开关。

五、数据记录和处理

1. 聚合物熔点 T_m

从 DSC 曲线熔融峰的两边斜率最大处引切线，相交点所对应的温度作为 T_m。

2. 聚合物的熔融热 ΔH_m

熔融热 ΔH_m 由标准物的 DSC 曲线熔融峰测出单位面积所对应的热量（数据已储存于计算机中），然后根据被测试样的 DSC 曲线熔融峰面积，即可求得其 ΔH_m。

六、思考题

1. DSC 的基本原理是什么？在聚合物的研究中有哪些用途？

2. 在 DSC 谱图上怎样辨别 T_m、T_c、T_g？

实验28 聚合物的热重分析 (TGA)

热重分析是以恒定速度加热试样，同时连续地测定试样的失重的一种动态方法。此外，也可在恒定温度下，将失重作为时间的函数进行测定。应用 TGA 可以研究各种气氛下高聚物的热稳定性和热分解作用，测定水分、挥发物和残渣，增塑剂的挥发性，水解和吸湿性，吸附和解吸，气化速度和气化热；升华速度和升华热，氧化降解，缩聚高聚物的固化程度，有填料的高聚物或掺和物的组成，它还可以研究固相反应。因为高聚物的热谱图具有一定的特征性，它也可作为鉴定之用。对有机/无机复合材料的测试表征，TGA 更是有效手段之一。

一、实验目的

1. 了解热重分析法在高分子领域的应用；
2. 掌握热重分析仪的工作原理及其操作方法，学会用热重分析法测定聚合物的热分解温度 T_d。

二、实验原理

热重分析实验中，影响 TG 曲线的因素基本上可分为两类：第一类是仪器因素。升温速率、气氛、支架、炉子的几何形状、电子天平的灵敏度以及坩埚材料。第二类是样品因素。样品量、反应放出的气体在样品中的溶解性、粒度、反应热、样品装填、导热性等。

热重分析法（thermo gravimetric analysis, TGA）是在程序控温下，测量物质的质量与温度关系的一种技术。现代热重分析仪一般由 4 部分组成，分别是电子天平、加热炉、程序控温系统和数据处理系统。通常，TGA 谱图是有试样的质量残余率 $Y(\%)$ 对温度 T 的曲线（称为热重曲线，TG）或试样的质量残余率 $Y(\%)$ 随时间的变化率 $dY/dt(\%/min)$ 对温度 T 的曲线（称为微商热重法，DTG）组成，如图 1 所示。

开始时，由于试样残余小分子物质的热解吸，试样有少量的质量损失，损失率为 $(100-Y_1)\%$；经过一段时间的加热后，温度升至 T_1，试样开始出现大量的质量损失，直至

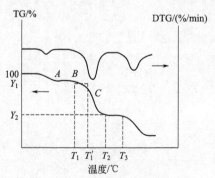

图 1 TGA 谱图

T_2，损失率达 $(Y_1-Y_2)\%$；在 T_2 到 T_3 阶段，试样存在着其他的稳定相；然后，随着温度的继续升高，试样再进一步分解。图中 T_1 称为分解温度，有时取 C 点的切线与 AB 延长线相交处的温度 T_1 作为分解温度，后者数值偏高。

TGA 在高分子科学中有着广泛的应用。例如，高分子材料热稳定性的评定，共聚物和共混物的分析，材料中添加剂和挥发物的分析，水分的测定，材料氧化诱导期的测定，固化过程分析以及使用寿命的预测等。

三、主要试剂与仪器

试样：本试验使用聚乙烯。

仪器：德国 NETZSCH TG209C 型热重分析仪（图 2）。仪器的称量范围 500mg；精度 1μg；温度范围 20～1000℃；加热速率 0.1～80K/min；样品气氛可为真空 10Pa 或惰性气体和反应气体（无毒、不非易燃）。

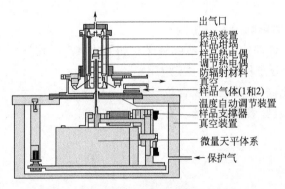

图 2　TG209C 型热重分析仪工作原理

四、实验步骤

1. 提前 1h 检查恒温水浴的水位，保持液面低于顶面 2cm。打开面板上的上下两个电源，启动运行，并检查设定的 T_1 工作模式，设定的温度值应比环境温度约高 3℃。

2. 按顺序依次打开显示器、电脑主机、仪器测量单元、控制器以及测量单元电子天平的电源开关。

3. 确定实验用的气体（一般为 N_2），调节输出压力（0.05～0.1MPa），在测量单元上手动测试气路的通畅，并调节好相应的流量。

4. 从电脑桌面上打开 TG209 测量软件。打开炉盖，确认炉体中央的支架不会碰壁时，按面板上的"UP"键，将其升起，放入选好的空坩埚，确认空坩埚在炉体中央支架上的中心位置后，按面板上的"DOWN"键，将其降下，并盖好炉盖。

5. 新建基线文件：打开一个空白文件，选择"修正"，打开温度校正文件，编程（输入起始温度、终止温度和升温速率），运行。

6. TG 曲线的测量：待上一程序正常结束并冷却至 80℃以下时，打开炉子，取出坩埚（同样要注意支架的中心位置）。放入约 5mg 样品，称重（仪器自动给出）。然后打开新建的"基线文件"，在弹出的"测量类型"窗口中，点"样品＋修正"，并输入样品编号、样品名称和样品质量，然后点击"继续"；在弹出的"TG209 测量参数"窗口中，点击"继续"；在弹出的"TG209 设定温度程序"窗口中，点击"继续"；在弹出的"定义测量文件名"窗口中，输入文件名；然后在弹出的"TG209 在 27 上调整"窗口中，点击"开始"。

7. 数据处理：程序正常结束后会自动存储，可打开分析软件包对结果进行数据处理，处理完好可保存为另一种类型的文件。

8. 待温度降至 80℃以下时，打开炉盖，取出坩埚。

9. 按顺序依次关闭软件和退出操作系统，关闭电脑主机、显示器、仪器控制器、天平和测量单元电源。

10. 关闭恒温水浴面板上的运行开关和上下两个电源开关，关闭使用气瓶的高压总阀。

11. 及时清理坩埚和实验室台面。

五、数据处理

打印 TGA 谱图，求出试样的分解温度 T_d。

六、思考题

1. TGA 实验结果的影响因素有哪些？

2. 研究聚合物的 TG 曲线有什么实际意义，如何才具有可比性？

3. 讨论 TGA 在高分子科学中的主要应用。

4. 今有一个二氧化硅/聚苯乙烯复合粒子样品，升温至 600℃后，TGA 曲线上最终重量为起始的 7.5%，是否意味着聚苯乙烯没有完全分解？

实验29 聚合物材料的热变形温度的测定

一、实验目的

1. 学会使用热变形温度测定仪；
2. 了解高分子材料热变形温度测定的基本原理；
3. 了解塑料在受热情况下变形温度测定的物理意义。

二、实验原理

将塑料试样浸在一个等速升温的液体传热介质中（甲基硅油），在简支架式的静弯曲负载作用下，试样达到规定形变量值时的温度，为该材料热变形温度（HDT）。该方法只作为鉴定新产品热性能的一个指标，但不代表其使用温度。目前有国家标准 GB/T 1633—1989 以及国际标准 ASTM 648—56。本方法适用于在常温下是硬质的模塑材料和板材。

三、实验试剂与仪器

1. 仪器

本实验采用 ZWK-6 微机控制热变形维卡软化点温度试验机。热变形温度测试装置原理如右图1所示。加热浴槽选择对试样无影响的传热介质，如硅油、变压器油、液体石蜡、乙二醇等，室温时黏度较低。本实验选用甲基硅油为传热介质。可调等速升温速度为 (120±1.0)℃/h。两个试样支架的中心距离为 100mm，在支架的中点能对试样施加垂直负载，负载杆的压头与试样接触部分为半圆形，其半径为 (3±0.2)mm。实验时必须选用一组大小适合的砝码，使试样受载后的最大弯曲正应力为 18.5kg/cm² 或 4.6kg/cm²。应加砝码的质量由式(1) 计算

$$W=[2\sigma bh^2/(3L)]-R-T \qquad (1)$$

式中，σ 为试样最大弯曲正应力（18.5kg/cm² 或 4.6kg/cm²）；b 为试样宽度，若为标准试样，则试样宽度为 10mm；h 为标准试样高 15mm，若不是标准试样，则需测量试样的真实宽度及高度；L 为两支座中间的距离 100mm；R 为负载杆及压头的质量；T 为变形测量装置的

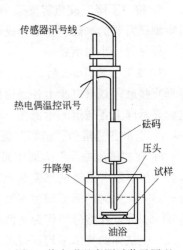

图1 热变形温度测试装置原理

附加力。对于本实验所用 ZWK-6 微机控制热变形维卡软化点温度试验机，其负载杆等重及附加力 $(R+T)$ 为 0.105kg。测量形变的位移传感器精度为 ±0.01mm。

2. 试样

试样为截面是矩形的长条，试样表面平整光滑，无气泡，无锯切痕迹或裂痕等缺陷。其尺寸规定如下。①模塑试样：长 $L=120$mm，高 $h=15$mm，宽 $b=10$mm。②板材试样：长

$L=120mm$，高 $h=15mm$，宽 $b=3\sim13mm$（取板材原厚度）。③特殊情况下，可以用长 $L=120mm$，高 $h=9.8\sim15mm$，宽 $b=3\sim13mm$，中点弯曲变形量必须用规定值。每组试样最少两个。

四、实验步骤

1. 按照"工控机"→"电脑"→"主机"的开机顺序打开设备的电源开关，让系统启动，并预热 10min。

2. 开启 Power Test-W 电脑软件，检查电脑软件显示的位移传感器值、温度传感器值是否正常。（正常情况下位移传感器值显示值应该在 $-1.9\sim+1.9$ 之内随传感器头的上下移动而变化。）

3. 界面中选择"试验"，依据试验要求选择试验方案名为热变形温度测试，选择试验结束方式，高度为 15mm 试样的相对变形量设定为 0.21mm，升温速度设为 120℃/h。填好后，按"确定"，微机显示"实验曲线图"界面，点击实验曲线图中的"实验参数"及"用户参数"，检查参数设置是否正确。

4. 测量试样中点附近处的高度和宽度值，精确至 0.05mm。点击"视图"中的"负荷"键，分别输入或选择正应力（本实验选择 $18.5kg/cm^2$）、支座间距 10cm、试样宽、试样高、负载杆等重及附加力（$R+T$）为 0.105kg。按"计算"键，则得到所需加砝码的质量。若标准试样宽及高分别为 10mm 及 15mm，则计算所需加砝码的质量为 2.67kg。

5. 按一下主机面板的"上升"按钮将支架升起，选择热变形温度测试所需的压头装在负载杆底端，安装时压头上标有的编号印迹应与负载杆的印迹一一对应。抬起负载杆，将试样放入支架，高度为 15mm 的一面垂直放置，注意试样的两端不要与支架两侧的金属片相接触。然后放下负载杆，使压头位于其中心位置并与试样垂直接触。

6. 按"下降"按钮将支架小心浸入油浴槽中，使试样位于液面 35mm 以下。根据计算所得测试需要的砝码质量选择砝码，小心将砝码叠稳且凹槽向上平放在托盘上，并在其上面中心处放置一小磁钢针。

7. 支架下降 5min 后，上下移动位移传感器托架，使传感器触点与砝码上的小钢磁针直接垂直接触，观察电脑上各通道的变形量，使其达到 $-1\sim+1mm$，然后调节微调旋钮，令电脑显示屏上各通道的示值在 $-0.01\sim+0.01nm$ 之间。

8. 点击各通道的"清零"键，对主界面窗口中各通道形变清零。

9. 在"试验曲线"界面中点击"运行"键进行实验。装置按照设定速度等速升温，电脑显示屏显示各通道的形变情况。当试样中点弯曲变形量达到设定值 0.21mm 时，实验即自行结束，此时的温度即为该试样在相应最大弯曲正应力条件下的热变形温度。实验"年-月-日-时-分试样编号"作为文件名，自动保存在"DATA"子目录中。材料的热度以同组两个或以上试样的算术平均值表示。

10. 当达到预设的变形量或温度，实验自动停止后，打开冷却水源进行冷却。然后向上移动位移传感器托架，将砝码移开，升起试样支架，将试样取出。

11. 实验完毕后，依次关闭主机、工控机、打印机、电脑电源。

五、数据处理

1. 点击主界面菜单栏中的数据处理图标，进入"数据处理"窗口，然后点击打开，双击所需的实验文件名，点击"结果"可查看试样热变形温度值，记录试样在不同通道的热变形温度，计算平均值。

2. 点击"报告"，出现"报告生成"窗口，勾选"固定栏"的试验方案参数，以及"结果栏"的内容，如试样名称、起始温度、砝码重、传热介质等。按"打印"按钮打印实验报告。

六、实验思考题

1. 负荷大小和升温速度快慢对实验结果有什么影响，为什么？

2. 塑料的热变形温度是不是该材料的使用上限温度，为什么？

3. 影响热变形温度测试结果的因素有哪些？

实验30 聚合物温度-形变曲线的测定

一、实验目的

1. 掌握测定聚合物温度-形变曲线的方法；
2. 测定聚甲基丙烯酸甲酯（PMMA）的玻璃化温度 T_g、黏流温度 T_f，加深对线型非晶聚合物的三种力学状态理论的认识；
3. 掌握等速升温控制和用于形变测量的差动变压器。

二、实验原理

聚合物试样上施加恒定荷载，在一定范围内改变温度，试样形变随温度的变化以形变或相对形变对温度作图所得的曲线，通常称为温度-形变曲线，又称为热机械曲线（TMA）。

材料的力学性质是由其内部结构通过分子运动所决定的，测定温度-形变曲线，是研究聚合物力学性质的一种重要的方法。聚合物的许多结构因素（包括化学结构、分子量、结晶、交联、增塑和老化等）的改变，都会在其温度-形变曲线上有明显的反映，因而测定温度-形变曲线，也可以提供许多关于试样内部结构的信息，了解聚合物分子运动与力学性能的关系，并可分析聚合物的结构形态，如结晶、交联、增塑、分子量等，可以得到聚合物的特性转变温度，如玻璃化温度 T_g、黏流温度 T_f 和熔点等，对于评价被测试样的使用性能、确定适用温度范围和选样加工条件很有实用意义。测量所需仪器简单，易于自制，测量手续简便费时不多，是本方法的突出的优点。

高分子运动单元具有多重性，它们的运动又具有温度依赖性，所以在不同的温度下，外力恒定时，聚合物链段可以呈现完全不同的力学特征。

对于线型非晶聚合物有三种不同的力学状态：玻璃态、高弹态、黏流态。温度足够低时，高分子链和链段的运动被"冻结"，外力的作用只能引起高分子键长和键角的变化，因此聚合物的弹性模量大，形变-应力的关系服从虎克定律，其力学性能与玻璃相似，表现出硬而脆的物理机械性质，这时聚合物处于玻璃态。在玻璃态温度区间内，聚合物的这种力学性质变化不大，因而在温度-形变曲线上玻璃区是接近横坐标的斜率很小的一段直线（图1）；随着温度的上升，分子热运动能量逐渐增加，到达玻璃化转变温度 T_g 后，分子运动能量已经能够克服链段运动所需克服的位垒，链段首先开始运动，这时聚合物的弹性模量骤降，形变量大增，表现为柔软而富于弹性的高弹体，聚合物进入高弹态，温度-形变曲线急剧向上弯曲，随后基本维持在一个"平台"上。温度进一步升高至黏流温度 T_f，整个高分子链能够在外力作用下发生滑移，聚合物进入黏流态，成为可以流动的黏液，产生不可逆的永久形变，在温度-形变曲线上表现为形变急剧增加，曲线向上弯曲。

玻璃态与高弹态之间的转变温度就是玻璃化温度 T_g，高弹态与黏流态之间的转变温度就是黏流温度 T_f。前者是塑料的使用温度上限，橡胶类材料的使用温度下限，后者是成型加工温度的下限。

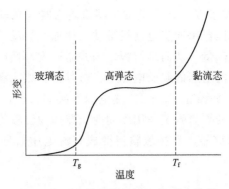

图 1　线型非晶高聚物的温度-形变曲线

并不是所有非晶高聚物都一定具有 3 种力学状态，如聚丙烯腈的分解温度低于黏流温度而不存在黏流态。此外结晶、交联、添加增塑剂都会使得 T_g、T_f 发生相应的变化。非晶高聚物的分子量增加会导致分子链相互滑移困难，松弛时间增长，高弹态平台变宽和黏流温度增高。结晶聚合物的晶区，高分子受晶格的束缚，链段和分子链都不能运动，当结晶度足够高时试样的弹性模量很大，在一定外力作用下，形变量小，其温度-形变曲线在结晶熔融之前是斜率很小的一段直线，温度升高到结晶熔融时，晶格瓦解，分子链和链段都突然活动起来，聚合物直接进入黏流态，形变急剧增大，曲线突然转折向上弯曲。当在聚合物中加入增塑剂后，使聚合物分子间的作用力减小，分子间运动空间增大，这样使得整个分子链更容易运动，试样的玻璃化温度和黏流温度都下降。

交联高聚物的分子链由于交联不能够相互滑移，不存在黏流态。轻度交联的聚合物由于网络间的链段仍可以运动，因此存在高弹态、玻璃态。高度交联的热固性塑料则只存在玻璃态一种力学状态。增塑剂的加入，使高聚物分子间的作用力减小，分子间运动空间增大，从而使得样品的 T_g 和 T_f 都下降。

由于力学状态的改变是一个松弛过程，因此 T_g、T_f 往往随测定的方法和条件而改变。例如测定同一种试样的温度-形变曲线时，所用荷重的大小和升温速率快慢不同，测得的 T_g 和 T_f 不一样。随着荷重增加，T_g 和 T_f 将降低；随着升温速率增大，T_g 和 T_f 都向高温方向移动。为了比较多次测量所得的结果，必须采用相同的测试条件。

本实验使用 RJY-1 型热机械分析仪进行测量。仪器包括炉体、温度控制和测量系统以及形变测量系统三个组成部分。温度控制采用可变电压式等速升温装置，它由两个自耦式调压变压器（简称调压器）和一个微型同步电机经过简单的装配即成，其原理如图 2 所示。

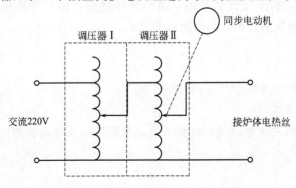

图 2　可变电压式等速升温装置原理

调压器 I 输入端接 220V 交流电源，其输出端与调压器 K 的输入端接通，调压器 II 的输出端接炉体的加热丝，因调压器由同步电动机带动，使加在炉丝上的电压逐渐升高，用以补偿炉温升高后逐渐增加的散热量，从而维持恒定的升温速度。使用时根据需要的升温速度和散热状况，选择两个调压器的适当的起始电压值，可以得到相当满意的升温线性。温度测量内安装在炉内试样附近的镍铬-镍硅（Ru-2）热电偶为感温元件，输出的温差电动势信号直接送记录仪温度笔记录。形变测量系统采用差动变压器作为位移传感器，将试样发生形变引起的顶杆位移信号转变成电信号，经相敏整流变成直流电压信号后，直接送记录仪形变笔记录。

三、主要试剂与仪器

样品：PMMA 试样。

仪器：RJY-1 型热机械分析仪，上海天平仪器厂生产。

四、实验步骤

1. 正确连接好全部测量线路，经检查后，接通形变仪和记录仪电源器，预热至仪器稳定。

2. 将天平控制单元量程开关置短路档。

3. 将控温方式按钮和温度速率按钮复位，截取厚度约 1mm 的聚甲基丙烯酸甲酯薄片一小块为试样，试样两端面要平行，用游标卡尺测量试样高度。将试样安放在炉内样品台上，让压杆触头压在试样的中央，旋动差动变压器支架的螺丝，调节记录仪形变测量笔的零点。

4. 取出试样，观察记录仪形变记录笔的平衡点移动，这时平衡点应接近满刻度为宜。移动量不足或过大时，须重新调整形变仪灵敏度。

5. 重新放好试样，关闭炉子，将记录形变笔调至零点右侧附近。

6. 根据升温速度 3～5℃ 的要求，适当选择等速升温装置两个调压器的电压，同时选择好走纸速度。然后接通电源开始等速升温，确定温度程序控制步骤，进行升温（降温，恒温，循环）的操作。

7. 放下记录笔开始自动记录温度和形变，直至温度升到 200℃（测量其他试样时应另行确定），切断升温装置电源，抬起记录笔，打开炉子。

8. 待炉子冷却后，清理样品台和压杆触头，改变测量条件，重复上述步骤 2～7，进行二次测量。

9. 切断全部电源，折下压杆和砝码，清除试样残渣，用台秤称量压杆和砝码的质量，用游标卡尺测量压杆触头的直径，然后把仪器复原。

五、数据处理

1. 从温度形变曲线上求得聚甲基丙烯酸甲酯 T_g、T_f。

2. 计算平均升温速度。

3. 根据压杆和砝码的重量以及压杆触头的截面积计算压杆所受的压缩应力（MPa）。

六、注意事项

1. 接通电源后，按 SELE 键 3s 后出现 roff，然后键入 "^" 键 3s 出现 RUN，然后再按一下 SELE 键，炉子开始升温。

2. 如果没有走纸记录仪，可于炉子开始升温后于 40℃ 开始每隔 2℃ 记录数据，直至 200℃ 为止。

七、思考题

1. 线型非晶聚合物的三种力学状态是什么？

2. T_g、T_f 随测定的方法和条件改变的一般规律是什么？

3. 由温度-形变曲线得到的 T_g 与膨胀计法测得的 T_g 是否相同，为什么？

4. 线型非晶高聚物的温度-形变曲线与分子运动有什么内在联系？

5. 高聚物的温度-形变曲线受哪些条件的影响？怎样才具有可比性。

6. 研究高聚物温度-形变曲线有什么理论与实际意义？

7. 为什么黏流转变点曲线的转折没有玻璃化转变陡？

实验31 渗透压法测定聚合物的分子量和Huggins参数

用溶剂分子能通过但溶质分子不能通过的半透膜将高聚物溶液和其溶剂隔开时，溶液中的溶剂分子会通过半透膜向溶剂一边渗透，使溶剂一边压强增加，即形成渗透压。利用渗透压对溶液的依数性可以测定聚合物的分子量，同时测得溶剂和聚合物的相互作用参数。聚合物相对分子质量低于2万时，难于制作半透膜；而相对分子质量大于10^6时，溶质的摩尔数太小，测量精度就较差。因此，渗透压法测定聚合物数均相对分子质量的范围在2万～100万。

一、实验目的

1. 了解渗透压法测定聚合物分子量的原理；
2. 掌握测定数均分子量的一种方法。

二、实验原理

1. 理想溶液的渗透压

当溶剂池和溶液池用一半透膜隔开时，如图1所示，由于纯的溶剂化学位高于溶液中溶剂的化学位，溶剂便透过膜而进入溶液池，使液面升高，最后达到与溶剂池中的化学位数值相同。即渗透平衡时，两边液柱的压强差π，称为溶液的渗透压。

从图1看出，在恒温恒压下，设溶剂池中的溶剂分子的化学势为$\overline{G}_0(T, p)$。溶液池中的溶剂分子的化学势为$\mu_0(T, p+\pi)$，则达到渗透平衡的条件是：

$$\mu_0(T, p+\pi) = \overline{G}_0(T, p)$$

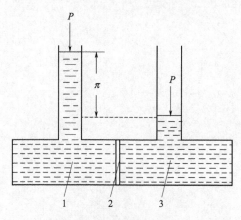

图1 半透膜渗透作用示意

1—溶液池；2—半透膜；3—溶剂池

84

$$\mu_0(T, p+\pi) = \mu_0(T, p) + \left(\frac{\partial \mu_0}{\partial p}\right)_T \pi$$

$\left(\dfrac{\partial \mu_0}{\partial p}\right)_T = \overline{V}$ 为溶剂的偏摩尔体积，则：

$$\overline{V}\pi = \mu_0(T, p+\pi) - \mu_0(T, p) = \overline{G}_0(T, p) - \mu_0(T, p) \tag{1}$$

对于理想溶液则有 $\mu_0(T, p) = \overline{G}_0(T, p) + RT\ln\chi_1$ $\tag{2}$

式（1）和式（2）比较可得 $-RT\ln\chi_1 = \overline{V}\pi$

$$\ln\chi_1 = -\frac{\overline{V}\pi}{RT}$$

式中，χ_1 为溶液中溶剂的摩尔分数，$\chi_1 = 1 - \chi_2$，其中 χ_2 是溶液中溶质的摩尔分数。

$\ln(1-\chi_2)$ 按泰勒级数展开：$\ln(1-\chi_2) = -\chi_2 - \dfrac{1}{2}\chi_2^2 - \dfrac{1}{3}\chi_2^3 \cdots$

对于稀溶液，$\chi_2 \to 0$，其中的高次项可以忽略，得：

$$\ln(1-\chi_2) \approx -\chi_2 \qquad \chi_2 = \frac{\overline{V}\pi}{RT} \tag{3}$$

又 $$\chi_2 = \frac{N_2}{N_1 + N_2} \approx \frac{N_2}{N_1}$$

式中，N_1 为溶剂物质的量，mol，$N_1\overline{V} = V$ 是溶剂的体积；N_2 是溶质摩尔数，$N_2 = \dfrac{W}{M}$。

设 $c = \dfrac{W}{V}$，W 是溶质重量，c 是溶液浓度。将上述关系代入式（3）可得理想状态下的 Van'tHoff 渗透压公式：

$$\frac{\pi}{c} = \frac{RT}{M} \tag{4}$$

2. 聚合物溶液的渗透压

高分子溶液中的渗透压，由于高分子链断间以及高分子和溶剂分子之间的互相作用不同，高分子与溶剂分子大小悬殊，使高分子溶液性质偏离理想溶液的规律。实验结果表明，高分子溶液的比浓渗透压 π/c 随浓度而变化常用维利展式来表示：

$$\frac{\pi}{c} = RT\left(\frac{1}{M} + A_2 c + A_3 c^2 + \cdots\right) \tag{5}$$

式中，A_2 和 A_3 分别称为第二和第三维利系数。

通常，A_3 很小，当浓度很稀时，对于许多高分子-溶剂体系，高次项可以忽略。则式（5）可写作：

$$\frac{\pi}{c} = RT\left(\frac{1}{M} + A_2 c\right) \tag{6}$$

即比浓渗透压 $\dfrac{\pi}{c}$ 对 c 作图是呈线性关系。如图 2 中线 2 所示外推到 $c \to 0$，从截距和斜率便可以计算出被测试样的分子量和体系的第二维利系数 A_2。

但对于有些高分子-溶剂体系，在实验的浓度范围内，$\dfrac{\pi}{c}$ 对 c 作图。如图 2 线 3 所示，明显弯曲。由式（5）得出 $\dfrac{\pi}{c} = \dfrac{RT}{M}(1 + A_2 M c + A_3 M c^2)$

令 $$A_2 M = \Gamma_2 \qquad A_3 M = \Gamma_3$$

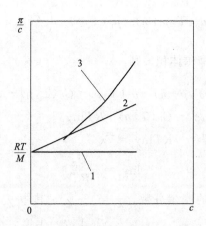

图 2　比浓渗透压与浓度的关系

1—理想溶液（$A_2 = A_3 = 0$）；2,3—高分子溶液（2. $A_3 = 0$，$A_2 \neq 0$；3. $A_3 \neq 0$，$A_2 \neq 0$）

$$\frac{\pi}{c} = \frac{RT}{M}（1 + \Gamma_2 c + \Gamma_3 c^2）$$

在一般良溶剂中，$\Gamma_3 = \frac{1}{4}\Gamma_2^2$

$$\frac{\pi}{c} = \frac{RT}{M}\left(1 + \Gamma_2 c + \frac{1}{4}\Gamma_2^2 c^2\right) = \frac{RT}{M}\left(1 + \frac{1}{2}\Gamma_2 c\right)^2$$

$$\left(\frac{\pi}{c}\right)^{\frac{1}{2}} = \left(\frac{RT}{M}\right)^{\frac{1}{2}} + \frac{1}{2}\left(\frac{RT}{M}\right)^{\frac{1}{2}}\Gamma_2 c \tag{7}$$

$\left(\frac{\pi}{c}\right)^{\frac{1}{2}}$ 对 c 作图得线性关系，外推 $c \to 0$，得截距 $\left(\frac{RT}{M}\right)^{\frac{1}{2}}$ 求得分子量 M，由斜率可以求得 Γ_2 和 Γ_3，进一步计算出 A_2 和 A_3。

渗透压法测定分子量的范围一般在 $2 \times 10^4 \sim 10^6$。由于实验测定的聚合物分子量总是一个多分散的体系，其溶液的渗透压也是各种分子量的高分子对渗透压贡献的总和。

$$\pi = \sum \pi_i = \sum \frac{RTc_i}{M_i} = RT \sum \frac{N_i M_i}{M_i} = RT \sum N_i$$

$$= RT \sum N_i \frac{\sum N_i M_i}{\sum N_i M_i} = \frac{RTc}{\dfrac{\sum N_i M_i}{\sum N_i}}$$

因为

$$\overline{M}_n = \frac{\sum N_i M_i}{\sum N_i}$$

故

$$\pi = \frac{RTc}{\overline{M}_n} \tag{8}$$

所以渗透压法测得的是数均分子量。

第二维利系数的数值可以看成高分子链断间和高分子与溶剂分子间相互作用的一种量度，和溶剂化作用以及高分子在溶液中的形态有密切的关系。在良溶剂中，高分子链由于溶剂化作用而伸展，线团扩张，链断间以互相排斥为主，A_2 为正值。随着不良溶剂的加入或温度的降低，溶剂的溶剂化能力减弱，链断间的相互吸引力增加，使高分子线团收缩，A_2 数值减小。到 $A_2 = 0$ 时，$\frac{\pi}{c}$ 对 c 的关系式（4）所示，即这时的高分子溶液符合理想溶液的性质。这时的溶剂称为被测高分子在该温度下的 θ 溶剂。这时的温度称为该高分子——溶剂体系的 θ 温度。在 θ 条件下，高分子溶液的比浓渗透压与浓度无关，这时的体系排除可影响高分子溶液性质和高分子形态的许多因素，高分子溶液性质和高分子形态的理论研究常常在 θ 条件下进行。

根据高分子溶液似晶格模型理论对溶液混合自由能的统计计算提出了比浓渗透压对浓度依赖关系的 Florg-Huggins 公式：

$$\frac{\pi}{c}=RT\left[\frac{1}{\overline{M}_{\mathrm{n}}}+\left(\frac{1}{2}-\chi_1\right)\frac{1}{\overline{V}_1\rho_2^2}c+\frac{1}{3}\frac{1}{\overline{V}_1\rho_2^2}c_2+\cdots\right] \tag{9}$$

式中，$\overline{V}_1$ 是溶剂的偏摩尔体积；ρ_2 是高聚物的密度；χ_1 称为 Huggins 参数，是表征高分子——溶剂体系的一个参数。比较式(5) 和式(9)，可得：

$$A_2=\frac{\left(\frac{1}{2}-\chi_1\right)}{\overline{V}_1\rho_2^2} \tag{10}$$

χ_1 的数值可以由第二维利系数来计算得到。

三、主要试剂与仪器

1. 试剂

甲苯（分析纯）；聚苯乙烯（$M<5.0\times10^5$），经纯化、干燥；汞（化学纯）。

2. 仪器

① 改良型 Bruss 膜渗透计，仪器结构如图 3 所示。

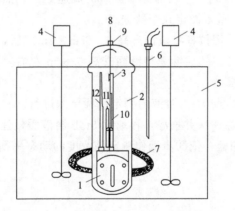

图 3　比浓渗透压与浓度的关系

1—不锈钢渗透池体；2—渗透计溶剂瓶；3—汞杯；4—搅拌器；5—恒温水槽；
6—接触温度计；7—加热器；8—拉杆；9—有孔塑料盖；
10—注液毛细管；11—参比毛细管；12—测量毛细管

② 恒温水槽装置，控温精度 $\pm0.05\,^\circ\mathrm{C}$。

③ 测高仪，精度为 0.05mm，量程 50cm。

④ 停表，精度为 0.1s。

⑤ 10mL 注射器，针头长 35cm，5mL 注射器，针头平口；25mL 容量瓶；10mL 容量瓶 5 个。

⑥ 半透膜置于 20% 异丙醇 1% 甲醛水溶液中，在室温下保存。使用前依次用下列溶剂

置换：异丙醇、异丙醇/工作溶剂（1：1）、工作溶剂。每次置换需放置 4h 以上，然后装入渗透计中。而当用甲苯为溶剂时，则把膜置换到异丙醇/甲苯（1：1）中 10min 后，立即装入渗透计中（因为膜在甲苯中会严重收缩使尺寸及膜孔变小），然后再将膜渗透计转入甲苯中。半透膜装入渗透计后，必须检查是否有泄漏现象。

四、实验步骤

1. 溶液的配制

准确称取 0.3g 左右的聚苯乙烯于 25mL 容量瓶中，加入测量温度下的 25mL 甲苯，使之完全溶解。用 2♯ 细菌漏斗过滤，再用移液管将溶液稀释 4～5 个浓度。

2. 渗透计的洗涤

用一个不锈钢丝钩将渗透计从外套管中吊出，小心地将小杯内水银倾入两只烧杯中（要在搪瓷盘中进行）。然后迅速把渗透计吊入装有甲苯的 150mL 烧杯中，拔出不锈钢拉杆，用长针头注射器由小杯处插入粗毛细管，吸取渗透池中的液体，用少量甲苯洗涤注射器，再吸取甲苯注入渗透池。必要时可重复洗涤。然后插入不锈钢拉杆，接触液面形成一个小泡，加汞封住。同时更换外套管的溶剂。然后把渗透计吊回外套管中，加盖置于恒温槽平衡。

3. 测纯溶剂的动态平衡点 H。测定步骤如下。

① 用测高仪测量参比毛细管液面高度，记下读数 h_0。

② 测量"上升"速率。用拉杆调节渗透池毛细管（测量毛细管）液面至毛细管底部刚过可观察到的位置，经热平衡 10min 后，用测高仪和停表测量和读取液面高度 h 和液面从 h 处上升 1mm 的时间 $t(s)$。得到一个较远离平衡点的流速数据。然后再用拉杆调节液面上升 0.8cm 左右，再测 h 和 t_0，重复测定几个数据点。

③ 测定"下降"速率。用拉杆将液面升高 3～5cm，2min 后，测量液面高 h 和液面从 h 处"下降"1mm 的时间 $t(s)$。然后继续将液面升高 0.8cm 左右，再测一个实验点。重复测定几个数据点。

④ 测定溶液的动态平衡点 H_i。溶液的测定由稀至浓进行。首先将池内液抽干净，然后取 2mL 待测液将渗透池洗涤一次并抽净，再取 2.5mL 溶液缓慢注入池内。插入拉杆，接触液面形成小气泡，汞封、加盖，依③步操作测定该浓度的动态平衡点 H_i 的数据，共测 4～6 个浓度。

五、数据处理

1. 按式(11) 计算线性流速（mm/min）

$$\frac{\mathrm{d}h}{\mathrm{d}t} = 60\Delta h/t \tag{11}$$

式中，$\Delta h = 1mm$；t 的单位是 s。

2. 计算各次测量的动态平衡高度 $H(\mathrm{cm})$，$H = h + 0.05 - h_0$

3. 计算校正后的动态平衡 H' 点

分别以纯溶剂及各种浓度下，各次测量的 H 对 $\mathrm{d}h/\mathrm{d}t$ 作图（图4），由"上升"和"下降"的数据各画一直线，交于纵坐标上一点，即 $\mathrm{d}h/\mathrm{d}t = 0$ 处，求得相应的纯溶剂的动态平衡点 H_0 及各浓度溶液的动态平衡点 H，则校正后的动态平衡点为 $H'_i = H_i - H_0(\mathrm{cm})$

4. 按下式求各溶液的渗透压

$$\pi = \rho H_i^l \times 98.07 \ (\text{Pa}) \tag{12}$$

式中，ρ 为溶液密度（g/cm^3），可预先测定（近似地可用溶剂密度来计算）；98.07 为换算因数。

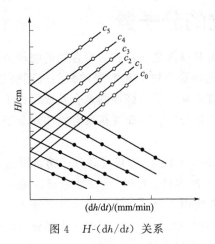

图 4　H-(dh/dt) 关系

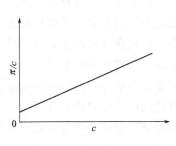

图 5　(π/c)-c 分析

5. 以 (π/c)-c 作图，（图 5），外推至 c_0，以下式求数均分子量

$$\overline{M}_{r,n} = \frac{RT}{(\pi/c)_{c=0}} \times 10^6$$

式中，c 为浓度（g/cm^3）；R（摩尔气体常数）$= 8.315 J/(mol \cdot K)$；T 为热力学温度；10^6 为换算系数。并计算第二维利系数 A。

六、思考题

1. 为什么测定样品前要先测纯溶剂的动态平衡点 H_0？
2. 有哪些因素可导致分子量测定值偏高或偏低？
3. 为什么渗透压法得到的是数均相对分子质量？
4. 样品中小分子杂质或低相对分子质量的高分子组分对测试有何影响？
5. 如何知道该高分子-溶剂体系的 Huggins 参数？
6. 体系中第二维利系数 A_2 等于零的物理意义是什么？怎样使第二维利系数 A_2 等于零？
7. 讨论实验中引起误差的主要原因？

实验32 GPC法测定聚合物的分子量

聚合物的分子量及分子量分布是聚合物性能的重要参数之一，它对聚合物的物理力学性能影响很大；另外，聚合物的相对分子质量分布上是由聚合过程和解聚过程的机理决定的，因此无论是为了研究聚合或解聚机理及其动力学，或者是为了更好控制聚合及成形加工的工艺，都需要测定聚合物的相对分子质量及相对分子质量分布。因此进行聚合物相对分子质量分布上的测定具有重要的意义。

凝胶渗透色谱法（gel permeation chromatography，GPC）是利用高分子溶液通过填充有特种凝胶的柱子把聚合物分子按尺寸大小进行分离的方法。GPC 是液相色谱，能用于测定聚合物的分子量及分子量分布，也能用于测定聚合物内小分子物质、聚合物支化度及共聚物组成等以及作为聚合物的分离和分级手段。通过 GPC 法可实现对分子量及其分布的快速自动测定。因此 GPC 至今已成为对聚合物材料一种必不可少的分析手段。

一、实验目的

1. 了解凝胶渗透色谱法（GPC）的基本原理；
2. 根据实验数据计算数均相对分子质量、重均相对分子质量、多分散系数并绘制相对分子质量分布曲线。

二、实验原理

1. 分离机理

GPC 是液相色谱的一个分支，其分离部件是一个以多孔性凝胶作为载体的色谱柱，凝胶的表面与内部含有大量彼此贯穿的大小不等的空洞。色谱柱总面积 V_t 由载体骨架体积 V_g、载体内部孔洞体积 V_i 和载体粒间体积 V_0 组成。GPC 的分离机理通常用"空间排斥效应"解释。待测聚合物试样以一定速度流经充满溶剂的色谱柱，溶质分子向填料孔洞渗透，渗透概率与分子尺寸有关，分为以下 3 种情况：①高分子尺寸大于填料所有孔洞孔径，高分子只能存在于凝胶颗粒之间的空隙中，淋出体积 $V_e = V_0$ 为定值；②高分子尺寸小于填料所有孔洞孔径，高分子可在所有凝胶孔洞之间填充，淋出体积 $V_e = V_0 + V_i$ 为定值；③高分子尺寸介于前两种之间，较大分子渗入孔洞的概率比较小分子渗入的概率要小，在柱内流经的路程要短，因而在柱中停留的时间也短，从而达到了分离的目的。当聚合物溶液流经色谱柱时，较大的分子被排除在粒子的小孔之外，只能从粒子间的间隙通过，速率较快；而较小的分子可以进入粒子中的小孔，通过的速率要慢得多。经过一定长度的色谱柱，分子根据相对分子质量被分开，相对分子质量大的在前面（即淋洗时间短），相对分子质量小的在后面（即淋洗时间长）。自试样进柱到被淋洗出来，所接受到的淋出液总体积称为该试样的淋出体积。当仪器和实验条件确定后，溶质的淋出体积与其分子量有关，分子量愈大，其淋出体积愈小。分子的淋出体积为：

$$V_e = V_0 + KV_i \quad (K \text{ 为分配系数 } 0 \leqslant K \leqslant 1,\text{分子量越大越趋于 } 1) \tag{1}$$

对于上述第①种情况 $K=0$，第②种情况 $K=1$，第③种情况 $0<K<1$。综上所述，对于分子尺寸与凝胶孔洞直径相匹配的溶质分子来说，都可以在 V_0 至 V_0+V_i 淋洗体积之间按照分子量由大到小依次被淋洗出来。

2. 检测机理

除了将分子量不同的分子分离开来，还需要测定其含量和分子量。实验中用示差折光仪测定淋出液的折射率与纯溶剂的折射率之差 Δn，而在稀溶液范围内 Δn 与淋出组分的相对浓度 Δc 成正比，则以 Δn 对淋出体积（或时间）作图可表征不同分子的浓度。图 1 为折射率之差 Δn（浓度响应）对淋出体积（或时间）作图得到的 GPC 谱图示意。

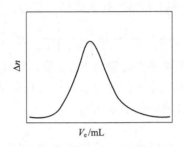

图 1　折射率之差 Δn 对淋出体积作图得到的 GPC 谱图示意

3. 校正曲线

用已知相对分子质量的单分散标准聚合物预先做一条淋洗体积或淋洗时间和相对分子质量对应关系曲线，该线称为"校正曲线"。聚合物中几乎找不到单分散的标准样，一般用窄分布的试样代替。在相同的测试条件下，做一系列的 GPC 标准谱图，对应不同相对分子质量样品的保留时间，以 $\lg M$ 对 t 作图，所得曲线即为"校正曲线"；用一组已知分子量的单分散性聚合物标准试样，以它们的峰值位置的 V_e 对 $\lg M$ 作图，可得 GPC 校正曲线（图 2）。

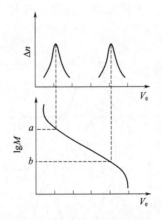

图 2　GPC 校正曲线示意

由图 2 可见，当 $\lg M > a$ 与 $\lg M < b$ 时，曲线与纵轴平行，说明此时的淋洗体积与试样分子量无关。$V_0+V_i \sim V_0$ 是凝胶选择性渗透分离的有效范围，即为标定曲线的直线部分，一般在这部分分子量与淋洗体积的关系可用简单的线性方程表示：

$$\lg M = A + BV_e \tag{2}$$

式中，A、B 为常数，与聚合物、溶剂、温度、填料及仪器有关，其数值可由校正曲线得到。

对于不同类型的高分子，在分子量相同时其分子尺寸并不一定相同。用 PS 作为标准样品得到的校正曲线不能直接应用于其他类型的聚合物。而许多聚合物不易获得再分布的标准样品进行标定，因此希望能借助于某一聚合物的标准样品在某种条件下测得的标准曲线，通过转换关系在相同条件下用于其他类型的聚合物试样。这种校正曲线称为普适校正曲线。根据 Flory 流体力学体积理论，对于柔性链当下式成立时两种高分子具有相同的流体力学体积，则有式（3）成立：

$$[\eta]_1 M_1 = [\eta]_2 M_2 \tag{3}$$

再将 Mark-Houwink 方程 $[\eta] = KM^{\alpha}$ 代入式（3）可得：

$$\lg M_2 = \frac{1}{1+\alpha_2} \lg \frac{K_1}{K_2} + \frac{1+\alpha_1}{1+\alpha_2} \lg M_1 \tag{4}$$

由此，如已知在测定条件下两种聚合物的 K、α 值，就可以根据标样的淋出体积与分子量的关系换算出试样的淋出体积与分子量的关系，只要知道某一淋出体积的分子量 M_1，就可算出同一淋出体积下其他聚合物的分子量 M_2。

4. 柱效率和分离度

与其他色谱分析方法相同，实际的分离过程非理想，同分子量试样在 GPC 上的谱图有一定分布，即使对于分子量完全均一的试样，其在 GPC 的图谱上也有一个分布。采用柱效率和分离度能全面反映色谱柱性能的好坏。色谱柱的效率是采用"理论塔板数"N 进行描述的。测定 N 的方法使用一种分子量均一的纯物质，如邻二氯苯、苯甲醇、乙腈和苯等作GPC 测定，得到色谱峰如图 3 所示。

从途中得到峰顶位置淋出体积 V_R，峰底宽 W，按照式（5）计算 N：

$$N = 16\left(\frac{V_R}{W}\right)^2 \tag{5}$$

对于相同长度的色谱柱，N 值越大意味着柱子效率越高。

GPC 柱子性能的好坏不仅看柱子的效率，还要注意柱子的分辨能力，一般采用分离度

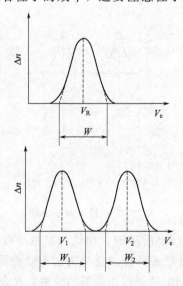

图 3　柱效率和分离度色谱峰示意

R 表示：

$$R = \frac{2(V_2 - V_1)}{W_1 + W_2} \tag{6}$$

如图 3 所示的完全分离情形，此时 R 应大于或等于 1，当 R 小于 1 时分离是不完全的。为了相对比较色谱柱的分离能力，定义比分离度 R_s，它表示分子量相差 10 倍时的组分分离度，定义为：

$$R_s = 2(V_2 - V_1)/(W_1 + W_2)(\lg M_{w_1} - \lg M_{w_2}) \tag{7}$$

5. 仪器简介

美国 Waters 公司生产的 1515 型凝胶渗透色谱仪，其主要有五大部分组成。

(1) 泵系统　它包括一个溶剂储存器，一套脱气装置和一个柱塞泵。它的主要作用是使溶剂以恒定的流速流入色谱柱。泵的稳定性越好，色谱仪的测定结果就越准确。一般要求测试时，泵的流量误差（RSD）应低于 0.1mL/min。

(2) 进样系统——注射器。

(3) 分离系统——色谱柱。

色谱柱是 GPC 仪的核心部件，被测样品的分离效果主要取决于色谱柱的匹配及其分离效果。每根色谱柱都具有一定的相对分子质量分离范围和渗透极限，有其使用的上限和下限。当高分子中的最小尺寸的分子比色谱柱的最大凝胶颗粒的尺寸还要大或其最大尺寸的分子比凝胶孔的最小孔径还要小时。色谱柱就失去了分离的作用。因此，在使用 GPC 法测定相对分子质量时，必须选择与聚合物相对分子质量范围相匹配的柱子。

色谱柱有多种类型，根据凝胶填料的种类可分为以下几类。

有色相：交联 PS、交联聚乙酸乙烯酯、交联硅胶。

水相：交联葡聚糖、交联聚丙烯酰胺。

对填料的基本要求是填料不能与溶剂发生反应或被溶剂溶解。

(4) 检测系统　用于 GPC 的检测器有多波长紫外、示差折光、示差＋紫外、质谱（MS）、FTIR 等多种，该 GPC 仪配备的是示差折光检测器。

示差折光检测仪是一种浓度检测仪，它是根据浓度不同折射率不同的原理制成的，通过不断检测样品流路和参比流路中的折射率的差值来检测样品的浓度的。

不同的物质具有不同的折射率，聚合物溶液的折射率为：

$$n = c_1 n_1 + c_2 n_2 \tag{8}$$

式中，c_1，c_2 分别为溶剂和溶质的物质的量浓度，$c_1 + c_2 = 1$；n_1，n_2 分别为溶剂和浓度的折射率。

折射率差：

$$\Delta n = n - n_1 = c_2(n_2 - n_1) \tag{9}$$

Δn 与 c_2 成正比，所以 Δn 可以反映出溶质的浓度。

(5) 数据采集与处理系统　另外，进行 GPC 测试时必须选择合适的溶剂（一般为 THF），所选的溶剂必须能使聚合物试样完全溶解，使聚合物链打开成最放松的状态；能浸润凝胶柱子，而与色谱柱不发生任何的其他相互作用。而且在注入色谱柱前，必须经微孔过滤器过滤。

三、实验步骤

1. 调试运行仪器：选择匹配的色谱柱，在实验条件下测定校正曲线（一般是 40℃）。这一步一般由任课老师事先准备。

2. 配制试样溶液：使用纯化后的分析纯溶剂配制试样溶液，浓度3‰。使用分析纯溶剂，需经过分子筛过滤，配置好溶液需静置一天。

3. 用注射器吸取四氢呋喃，进行冲洗，重复几次。然后吸取5mL试样溶液，排除注射器内的空气，将针尖擦干。

将六通阀扳到"准备"位置，将注射器插入进样口，调整软件及仪器到准备进样状态，将试样液缓缓注入，而后迅速将六通阀扳到"进样"位置。将注射器拔出，并用四氢呋喃清洗。

抽取试样时注意赶走内部的空气；试样注入至调节六通阀至INJECT的过程中注射器严禁抽取或拔出。在注入试样时，进样速度不宜过快。速度过快，可能导致定量环内靠近壁面的液体难以被赶出，而影响进样的量；稍慢可以使定量环内部的液体被完全平推出去。

4. 获取数据。

5. 实验完成后，用纯化后的分析纯溶剂流过清洗色谱柱。

四、结果的计算和讨论

实验参数：

色谱柱：_____

内部温度：_____ 外加热器温度：_____ 流量：_____

进样体积：_____mL

GPC仪都配有数据处理系统，同时给出GPC谱图（图4）和各种平均分子量和多分散系数。

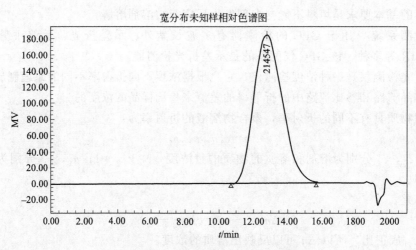

图4　GPC仪器给出宽分布未知样色谱图

切片面积对淋出体积（时间）作图得到样品淋出体积与浓度的关系，以切片分子量对淋出体积（时间）作图得到淋出体积与分子量的关系。记 i 为切片数，A_i 为切片面积，则第 i 级分的重量分率 W_i 为 $W_i = \dfrac{A_i}{\sum A_i}$

第 i 级分的重量累计分数 I_i 为 $I_i = \dfrac{1}{2} W_i + \sum_{j=i+1}^{n} W_j$

数均分子量 $\overline{M}_n$ 为 $\overline{M}_n = \dfrac{1}{\sum\limits_i \dfrac{W_i}{M_i}}$

重均分子量 $\overline{M}_w$ 为 $\overline{M}_w = \sum\limits_i W_i M_i$

分散度 d 为 $d = \dfrac{\overline{M}_w}{\overline{M}_n}$

以 I_i 对 M_i 作图，得到积分分子量分布曲线；以 W_i 对 M_i 作图，得到微分分子量分布曲线。

五、思考题

1. GPC 方法测定分子量为什么属于间接法？总结一下测定分子量的方法，哪些是绝对方法？哪些是间接方法？其优缺点如何？

2. 列出实验测定时某些可能的误差，对分子量的影响如何？

3. 对某种聚合物，在得不到其 M-H 方程的 K 和 α 值，且通过分级得到一系列窄分布样品并已测得其相对应的 $[\eta]$ 的条件下，可否通过 GPC 方法求得该聚合物的分子量及 K 和 α 值？如果可以，应该如何进行？

实验33 红外光谱法鉴定聚合物的结构

红外光谱是研究聚合物结构与性能关系的基本手段之一。广泛用于高聚物材料的定性定量分析，如分析聚合物的主链结构、取代基位置、双键位置以及顺反异构、测定聚合物的结晶度、极化度、取向度，研究聚合物的相转变，分析共聚物的组成和序列分布等。红外光谱分析具有速度快、试样用量少并能分析各种状态的试样等特点。总之，凡微观结构上起变化、在图谱上能得到反映的，都可以用红外光谱来研究。

一、实验目的

1. 了解红外光谱分析法的基本原理；
2. 初步掌握红外光谱试样的制备和简易红外光谱仪的使用；
3. 初步学会查阅红外光谱图和剖析、定性分析聚合物。

二、基本原理

红外光谱法是研究聚合物结构的重要手段，可用于：①鉴定主链结构、构型与构象；②分析共聚物的组成及序列分布；③测定聚合物的结晶度、支化度、取向度；④研究聚合物的相转变；⑤探讨老化与降解历程等。

按照量子学说，当分子从一个量子态跃迁到另一个量子态时，就要发射或吸收电磁波，两个量子状态间的能量差 ΔE 与发射或吸收光的频率 ν 之间存在如下关系。

$$\Delta E = h\nu$$

式中，h 为普朗克（Planck）常数，等于 $6.626 \times 10^{-34} J \cdot s$。

红外光谱的波长在 $2 \sim 50 \mu m$ 之间。因为红外光量子的能量较小，当物质吸收红外区的光量子后，只能引起原子的振动和分子的转动，不会引起电子的跳跃，因此不会破坏化学键，而只能引起键的振动，所以红外光谱又称振动转动光谱。红外发射光谱很弱，通常测量的是红外吸收光谱。

分子中原子的振动是这样进行的：当原子的相互位置处在相互作用平衡态时，位能最低，当位置略微改变时，就有一个回复力使原子回到原来的平衡位置，结果像摆一样作周期性的运动，即产生振动。原子的振动相当于键合原子的键长与键角的周期性改变。共价键有方向性，因此键角改变也有回复力。

按照振动时发生键长和键角的改变，相应的振动形式有伸缩振动和弯曲振动，对于具体的基团与分子振动，其形式、名称则多种多样。对应于每种振动方式有一种振动频率，振动频率的大小一般用"波数"来表示，单位是 cm^{-1}（注意：波数不等于频率。波数 $\bar{\nu} = 1/\lambda$；频率 $\nu = c/\lambda$；c 是光速，$c = 2.9979 \times 10^8 m/s$）。

当多原子分子获得足够的激发能量时，分子运动的情况非常复杂。所有原子核彼此作相对振动，也能与整个分子作相对振动，因此振动频率组很多。某些振动频率与分子中存在一定的基团有关，键能不同，吸收振动能也不同。因此，每种基团、每种化学键都有特殊的吸收频率组，犹如人的指纹一样。所以可以利用红外吸收光谱鉴别出分子中存在的基团、结构的形状、双键的位置、是否是结晶以及顺反异构等结构特征，如图1所示。

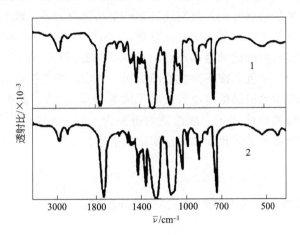

图 1　PETP 的红外光谱图

1—非晶；2—部分结晶

红外光谱仪（通常称红外分光光度计）的结构基本上由光源、单色器、检测器、放大和记录系统组成。图 2 是双光束红外光谱仪的示意。

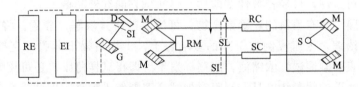

图 2　双光束红外光谱仪

S—光源；M—反射镜；SC—样品；RC—参比池；A—衰减器；

RM—旋转镜；SL—狭缝；SI—光栅；G—光栅或棱镜；

D—检测器；EI—电子放大器；RE—绘图系统

红外光源通常用能斯特脱（Nernst）或硅碳棒，它们在结构上与加热板里的加热丝类似，将光源加热到足够温度，使辐射器能发生最大强度的光线，其波长范围包括红外光谱仪所用的整个光谱区。

使到达检测器的每一波长的光强度都能维持恒定是很重要的，否则就不能保持稳定的基线。由于光源发出的光强度随频率的降低而减弱，所以必须将此效应补偿掉。为此，采用一种自动调节的狭缝，这种狭缝与照相机的光圈一样，当需要时可以打开，使衰减的光线通过得多些。从光源发生的准直光线借着一系列反射镜和透镜的作用，使之沿着预定的光路前进。由于光线必须通过大气层，而大气中含有水这种有红外活性的化合物（它们与对称的双原子气体如氧和氯等物的性质不同，后者对红外线是没有作用的）。所以就产生了另一个问题，这个问题可以用双光束的方法来解决：一束光线只通过大气（参比光束），另一束光线则通过样品和大气（试样光束），这两束平行的光线是从同一个光源用分开的镜子反射出来的，所以其强度是一样的。仪器的结构可以自动地从记录谱图上扣掉参比光束的吸收，从而得到只由试样产生的谱图。

用棱镜或衍射光栅作单色器。用于棱镜的材料必须具备两个条件，即透过红外光的性能良好和对光的色散尽可能大。通常用氯化钠制成，因为其在 $4000\sim700\text{cm}^{-1}$ 都是透明的，而玻璃却不然。

检测器是用一只灵敏的热电偶，把它连接到一个电流放大器，放大器可提供功率驱动机械记录装置，推动光楔系统，以移动参比光束中"100％光楔片"的位置，使样品和参比光束达到平衡，而和光楔同步的记录笔就连续记录样品的透射比（10^{-2}），此即为谱图的纵坐标。同时波数凸轮转动，单色光按不同波数顺次通过"出口狭缝"进入接收器中，而记录纸滚筒和波数凸轮同步，因此记录纸的位置反映了波数（或波长），此即为谱图的横坐标。整张谱图就是样品的红外吸收曲线。一般波数的范围为 $4000\sim650\text{cm}^{-1}$；双光束光谱仪样品的吸收曲线不包含大气吸收的干扰，以保证测试的重复性。

三、实验仪器

SP1100 光栅色散型，5DX-FTIR 干涉型的红外光谱仪。

四、实验步骤

1. 试样制备

（1）成品薄膜　有些透明的薄膜成品，厚度在 $10\sim30\mu\text{m}$ 便可直接剪一小块测绘红外光谱图。检测仪器性能时使用的聚苯乙烯薄膜就是此类。各种塑料包装袋也属此类，有些透明薄膜稍厚，具有可塑性，可轻轻拉伸变薄后，再测试它的红外光谱。

（2）溶液铸膜　含有填料的可溶聚合物，可用溶剂将其溶解、静置，将上层清液倾出，在通风橱中挥发浓缩，浓缩液倒在干净的玻璃板上，干燥后揭下薄膜，直接做红外光谱测试。也可在水银表面倾倒试样浓缩液，溶剂挥发干后即得试样薄膜。还可用聚四氟乙烯棒切削成具有平滑内底面的圆盘状模具，制膜时把试样溶液倒入模具，用试样溶液的浓度和溶液的量来控制薄膜的厚度。待溶剂挥发干后，由于聚四氟乙烯光滑容易脱模，可以很方便地取下薄膜，而且聚四氟乙烯耐腐蚀性极强，各种溶剂配制的溶液均可使用聚四氟乙烯模具。

（3）热压成膜　熔融热压成膜时，使用两块具有平滑表面的不锈钢模具，用云母片或铝箔片作为控制薄膜厚度的支撑物，先把具有要求厚度的云母片或铝箔片放在模具压模面四周，中间放试样，把它们一起放在电炉上加热至软化熔融，再把模具的另一半压在试样上，用坩埚钳小心地把它们一起放在油压机上加压，冷却后取下薄膜，直接用于测定红外光谱。

（4）涂卤化物晶片法　涂卤化物晶片法简称涂膜法。把黏稠的树脂或具有一定黏度的液体，用不锈钢刮刀直接涂在卤化物晶片上。涂很薄的一层试样就可直接在红外光谱仪上测绘谱图。试样厚度不合适时，用不锈钢刮刀涂抹调节试样厚度。例如未固化的黏稠树脂及油墨、从塑料或橡胶中萃取得到的增塑剂、热固性树脂的裂解液等都适用于涂膜法。

2. 红外光谱图的测绘

先接通稳压电源，待电压稳定在 220V，按动主机电源开关，按仪器操作步骤，将试样固定在样品架上进行扫描测定。实验结束后取出样品，切断主机电源，再关稳压器。

五、结果处理

从测绘得到的红外光谱图上找出主要基团的特征吸收，与标准光谱图对照，分析鉴定试样属何种聚合物。查阅标准谱图是细致烦琐的，必须将试样的特征吸收峰和标准谱图的特征吸收峰——对照。标准光谱图通常有：萨得勒标准谱图（the sadtler standard spectra）；Hummel 等著的《聚合物、树脂和添加剂的红外分析图谱集》的第一卷，汇集了约 1500 张聚合物和树脂的谱图，在正文中详细地介绍了它们的特征，还有近 300 张相关的小分子化合物谱图。

六、思考题

1. 结晶聚合物的红外光谱能有其无定形态的红外谱图中所没有的谱带吗？
2. 有没有可能用红外光谱来检测聚合物中的不同构象？
3. 产生红外吸收的原因是什么？
4. 对所测聚合物的红外光谱特征吸收峰归属，并判断共价键的聚合方式。

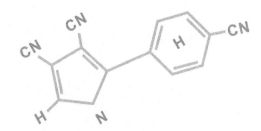

高分子材料成型加工及测试实验部分

实验34 PE/无机填料的密炼

一、实验目的

1. 掌握密炼机的工作原理；
2. 掌握密炼工艺技术和操作要点；
3. 了解热塑性塑料共混的方法。

二、实验原理

合成树脂是塑料制品的主体成分，大多数情况下，在塑料制品生产过程中都需要添加各类助剂。把各种组分相互混合在一起，成为均匀的体系（如粉料、粒料等）是成型加工前必不可少的过程，这一操作过程统称为物料的共混或混炼。

粒料和粉料的制备一般分为配料、初混合、塑炼和造粒四个步骤。经初混合得到的干混料，原料组分有了一定的均匀性，但聚合物本身因合成时局部聚合条件差异造成的不均匀性，可能含有的杂质、单体、催化剂、水分等难以去除。塑炼的目的在于借助加热和剪切应力使聚合物的混合物熔化、剪切混合而驱出其中的挥发物并进一步分散其中的不均匀组分，这样使制品性能更均匀一致。塑炼过程中的温度、剪切力和时间等条件对塑炼的质量具有决定性影响，塑炼设备主要有高速混合机、双螺杆混炼挤出机、开炼机、密炼机、管道式捏合机等。塑炼好的物料经粉碎和切粒即可得到粉料和粒料，便于输送和成型。

三、主要试剂与仪器

PE 树脂、重质 $CaCO_3$、S(X)-0.5L-K 型密炼机、SU-70 型密炼机（图 1）、电子天平。

(a) SU-70 型   (b) S(X)-0.5L-K 型

图 1　密炼机的示意

四、实验步骤

1. S(X)-0.5L-K 型密炼机

（1）打开冷凝水，合上电闸，接通空气压缩机和密炼机的电源。

（2）按密炼机侧面的"密炼室合"按钮，将密炼室合上，拧紧锁紧装置；按下"上顶栓合"按钮，放下上顶栓。

（3）设定"密炼温度"和"密炼时间"。

（4）按下"加热开"按钮，密炼机开始加热；密炼室加热温度达到设定值后，继续恒温 20min。

（5）用手盘动电动机联轴器，确定转动正常后，向上拨动"电机运行开关"，启动密炼电机。

（6）按下"增速"或"降速"按钮，调整电机转速至所需转速。

（7）按下"上顶栓开"按钮，开启上顶栓，将物料（PE/CaCO$_3$ 质量比为 70/30）投入密炼室后，按下"上顶栓合"按钮，放下上顶栓，开始密炼。

（8）密炼完成后，向下拨动"电机运行开关"，关闭密炼电机，在密炼室下部放置好接料盘。

（9）按下"上顶栓开"按钮，开启上顶栓，拧松锁紧装置，将锁紧螺栓拉向外侧；按下"密炼室开"按钮，将密炼室拉开，清除密炼腔体和转子上的物料。

（10）关闭电源，清理台面。

2. SU-70 型密炼机

（1）合上电闸，接通空气压缩机和密炼机的电源。

（2）设定"密炼温度"和"密炼时间"。

（3）按下"加热开"按钮，密炼机开始加热；密炼室加热温度达到设定值后，继续恒温 20min。

（4）按下"电机开"按钮，启动电动机，在变频器操作面板上可控制电机的启停及运行速度。

（5）将物料（PE/CaCO$_3$ 质量比为 70/30）投入密炼室后，将密炼机压砣上方齿条限位拉出，同时摇动下压装置上的手轮，将压砣下压至下限位，开始密炼。

（6）密炼完成后，按下"电机关"按钮，关闭密炼电动机，在密炼室下部放置好接料盘。

（7）将密炼机压砣上方齿条限位拉出，同时摇动下压装置上的手轮，将压砣提起至上限位，松开并取下密炼室锁紧装置，将密炼室前板取下，清除密炼腔体和转子上的物料。

（8）关闭电源，清理台面。

五、注意事项

1. S(X)-0.5L-K 型密炼机

（1）操作时注意安全。严防触电、烫伤、轧伤。

（2）密炼室未合上，严禁放下上顶栓。

（3）上顶栓没有开启，严禁拉开密炼室。

（4）密炼室未合上或锁紧螺丝没有上紧，不要开动电动机。

2. SU-70 型密炼机

（1）操作时注意安全。严防触电、烫伤、轧伤。

（2）密炼室未合上或锁紧螺丝没有上紧，不要开动电动机。

六、思考题

1. 密炼的目的、作用和应用领域是什么？

2. 影响密炼质量的主要因素有哪些？

3. 密炼机的操作工艺？

实验35 天然橡胶的塑炼、混炼

一、实验目的

1. 学习橡胶的基本概念；
2. 掌握橡胶的塑炼、混炼工艺技术；
3. 了解橡胶加工的各种助剂的配方体系及其配方设计。

二、实验原理

橡胶是一类具有高弹性的高分子材料，亦被称为弹性体。橡胶在外力的作用下具有很大的变形能力（伸长率可达 500％～1000％），外力除去后又能很快恢复到原始尺寸。橡胶按其来源分类可分为：天然橡胶（natural rubber 简称 NR）和合成橡胶（synthetic rubber，简称 SR）。天然橡胶是指直接从植物（主要是三叶橡胶树）中获取的橡胶。合成橡胶是相对于天然橡胶而言，泛指用化学合成方法制得的橡胶。

将橡胶生胶在机械力、热、氧等作用下，从强韧的弹性状态转变为柔软而具有可塑性的状态，即增加其可塑性（流动性）的工艺过程称为塑炼。塑炼的目的是通过降低分子量，降低橡胶的黏流温度，使橡胶生胶具有足够的可塑性。以便后续的混炼、压延、压出、成型等工艺操作能顺利进行。同时通过塑炼也可以起到"调匀"作用，使生胶的可塑性均匀一致。塑炼过的生胶称为"塑炼胶"。如果生胶本身具有足够的可塑性，则可免去塑炼工序。

混炼是将塑炼胶或已具有一定可塑性的生胶，与各种配合剂经机械作用使之均匀混合的工艺过程。混炼过程就是将各种配合剂均匀地分散在橡胶中，以形成一个以橡胶为介质或者以橡胶与某些能和它相容的配合组分（配合剂、其他聚合物）的混合物为介质，以与橡胶不相容的配合剂（如粉体填料、氧化锌、颜料等）为分散相的多相胶体分散体系的过程。对混炼工艺的具体技术要求是：配合剂分散均匀，使配合剂特别是炭黑等补强性配合剂达到最好的分散度，以保证胶料性能一致。混炼后得到的胶料称为"混炼胶"，其质量对进一步加工和制品质量有重要影响。

加料顺序是影响开炼机混炼质量的一个重要因素。加料顺序不当会导致分散不均匀，脱辊、过炼，甚至发生早期硫化（焦烧）等质量问题。原则上应根据配方中配合剂的特性和用量来决定加料顺序，宜先加量少、难分散者。后加量大，易分散者；硫黄或者活性大、临界温度低的促进剂（如超速促进剂）则在最后加入，以防止出现早期硫化（焦烧）。液体软化剂一般在补强填充剂等粉剂混完后再加入，以防止粉剂结团、胶料打滑、胶料变软致使剪切力小而不易分散。橡胶包辊后，按下列一般的顺序加料：橡胶、再生胶、各种母炼胶→固体软化剂（如较难分散的松香、硬脂酸、固体古马隆树脂等）→小料（促进剂、活性剂、防老剂）→补强填充剂→液体软化剂→硫黄→超促进剂→薄通→倒胶下片。

三、主要试剂与仪器

天然橡胶、高耐磨炭黑、促进剂 M、硬脂酸、氧化锌、升华硫、XK-160 型双辊开炼机

105

（图1）。

图 1　XK-160 型双辊开炼机

四、实验步骤

1. 打开双辊开炼机的冷凝水，调好冷凝水的流速适中。

2. 调整好辊距，合上电闸，按"启动"按钮，使机器运转。

3. 将切好的天然橡胶放入两辊间进行塑炼，辊筒温度为 30～40℃，塑炼时间约 15～20min。

4. 将塑炼好的橡胶按表1所示配方混炼：加料顺序为橡胶→硬脂酸→氧化锌→促进剂 M→炭黑→硫黄→倒胶下片。

5. 按"停止"按钮，机器即停止。

6. 关闭电源，清理台面。

表 1　橡胶混炼配方

原料品种	质量比例/phr	原料品种	质量比例/phr
天然橡胶	100	炭黑	20
氧化锌	10	硫黄	6
促进剂 M	2	硬脂酸	2

五、注意事项

1. 操作时注意安全，严防烫伤、轧伤。

2. 在紧急情况下，按紧急刹车杆。

3. 装料不可过量。

六、思考题

1. 天然橡胶塑炼的目的和作用是什么？

2. 天然橡胶混炼过程中一般的加料顺序是什么？

3. 双辊混炼时橡胶的塑炼机理是什么？

实验36 天然橡胶的硫化

一、实验目的

1. 掌握橡胶的硫化工艺技术；
2. 了解橡胶硫化的原理和工艺。

二、实验原理

橡胶的硫化是指在一定的温度和压力下，使橡胶分子从线形结构通过交联变为三维网状结构的工艺过程，是橡胶加工中最主要的物理-化学过程和工艺过程。橡胶硫化过程中的温度、压力和时间等条件对硫化胶的质量具有决定性影响，通常称为硫化三要素。硫化压力，一般橡胶制品（除胶布等薄制品外）在硫化时往往要施加一定的压力，用以防止制品在硫化过程中产生气泡，提高硫化胶的致密性；使胶料充分流动并充满模具；提高橡胶与骨架材料间的密实度；提高胶料的物理力学性能（或橡胶制品的使用性能）。在一定的范围内，随着硫化压力的增加，硫化胶的拉伸强度、动态模量、耐疲劳性和耐磨性等都会相应地提高。硫化温度与硫化时间是橡胶进行硫化反应的基本条件，直接影响硫化速度和硫化胶的性能。

硫化后的橡胶一般称为"硫化胶"。橡胶的硫化历程可以分为四个阶段（图1）。

（1）诱导期 胶料放入模腔内，随着温度上升，其黏度逐渐降到最低值，由于继续受热，橡胶开始轻度硫化。这一过程所需要的时间称为诱导期，通常称为焦烧时间。诱导期的长短决定着胶料的操作安全性能。

（2）热硫化期 是硫化反应的交联阶段，在这一阶段中，橡胶分子链逐渐生成三维网状

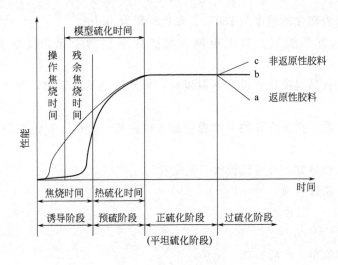

图1 橡胶硫化历程

结构，弹性和拉伸强度迅速提高。热硫化期的长短取决于胶料的配方，热硫化期常作为衡量硫化速度的尺度。硫化速度可以通过硫化曲线中热硫化阶段的斜率来定量表征。理论上讲，热硫化期越短越理想。

（3）正硫化期　又称平坦硫化期，是硫化胶物理性能维持最佳值所经历的时间范围。达到这一阶段所对应的温度时间分别称为正硫化温度与正硫化时间，合称为"正硫化条件"。正硫化期在硫化历程图上表现为一个平坦区。正硫化期的长短取决于硫化配合剂的选择，也与硫化温度相关。

（4）过硫化期　相当于硫化过程中三维网络形成阶段的后期。这一阶段中，主要是交联键生重排、裂解等副反应，因此表现为胶料的物理力学性能显著下降。

三、主要试剂与仪器

混炼好的天然橡胶、YX-25平板硫化机（图2）。

图2　YX-25平板硫化机

四、实验步骤

1. 设定天然橡胶硫化的温度为160℃，硫化时间为5min。
2. 将模具放入加热板间，合上电闸，将操作手柄向上掀，使加热板上升，直至合模。
3. 当加热板和模具温度达到设定的温度时，将操作手柄向下掀，使加热板下降，直至开模。
4. 迅速取出模具，把混炼好的天然橡胶放入模具内，合模。在恒定压力下硫化至设定时间。
5. 开模，取出模具并打开得到板状"硫化胶"。
6. 关闭电源，清理台面。

五、注意事项

1. 操作时注意安全。严防烫伤、压伤。
2. 在压制品过程中，模具要放在热板中央位置。

六、思考题

1. 橡胶硫化的目的和作用是什么？硫化剂一定是硫吗？
2. 影响橡胶硫化质量的主要因素有哪些？
3. 橡胶的硫化历程分为几个阶段？各阶段的实质和意义是什么？
4. 何谓硫化三要素？对硫化三要素控制不当会造成什么后果？
5. 在高分子材料成型加工中，哪些地方要求交联？交联能赋予高聚物制品哪些性能？

实验37 单螺杆挤出机的使用及其塑料挤出

一、实验目的

1. 掌握单螺杆挤出机的使用方法;
2. 了解塑料挤出成型工艺过程;
3. 了解挤出机的结构及其加工原理;
4. 加深理解挤出工艺控制原理并掌握其控制方法。

二、实验原理

　　单螺杆挤出机主要用于塑料管件的挤出成型实验,能加工的塑料品种主要有聚氯乙烯、聚乙烯、聚丙烯、聚苯乙烯、尼龙、ABS和聚碳酸酯等。本实验是高密度聚乙烯(HDPE)挤出实验。HDPE塑料自料斗加入到挤出机,经挤出机的固体输送、压缩熔融和熔体输送由均化段出来塑化均匀的塑料,先后经过过滤网、粗滤器而达分流器,并为分流器支架分为若干支流,离开分流器支架后再重新汇合起来,进入管芯口模间的环形通道,最后通过口模到挤出机,经过冷却水箱,进一步冷却成为具有一定尺寸的棒材,最后经由牵引装置引出进行切粒。

三、主要试剂与仪器

　　HDPE,SJ-25×22单螺杆挤出机(图1),冷却系统,牵引装置,切割装置。

四、实验步骤

　　1. 按照挤出机的操作规程,打开冷却水开关,机器工作时。料斗座应始终通水冷却。

　　2. 接通电源,设置加热区的温度在180℃左右,对挤出机和机头口模加热。当挤出机各部分达到设定温度后,再保温60min。检查机头各部分的衔接、螺栓,并趁热拧紧。机头口

图1　SJ-25×22单螺杆挤出机

模环形间隙中心要求严格调正。

3. 开动挤出机，由料斗加入硬 PVC 塑料粒子，同时注意主机电流表、温度表和螺杆转速是否稳定。

4. 待正常挤出并稳定 1～2min 后，牵引造粒。

5. 实验完毕，挤出机内存料，趁热清理机头和多孔板的残留塑料。

五、注意事项

1. 开动挤出机时，螺杆转速要逐步上升，进料后密切注意主机电流，若发现电流突增应立即停机检查原因。

2. 清理机头口模时，只能用铜刀或压缩空气，多孔板可火烧清理。

3. 本实验辅机较多，实验时可数人合作操作。操作时分工负责，协调配合。

六、思考题

1. 螺杆的三段的名称、功能作用是什么？

2. HDPE 加工的温度怎样设计？

实验38 双螺杆挤出机的使用与硬聚氯乙烯的成型加工

一、实验目的

1. 了解聚合物加工成型的基本原理和过程；
2. 掌握硬质 PVC 材料制造的基本配方及配料方法；
3. 掌握聚合物材料的力学性能测试方法；
4. 了解塑料挤出机的构造和使用方法。

二、实验原理

聚氯乙烯（PVC）塑料是应用广泛的热塑性塑料。通常 PVC 塑料可分为软、硬两大类，两者的主要区别在于塑料中增塑剂的含量。纯 PVC 树脂是不能单独成为塑料的，因为 PVC 树脂具热敏性，加工成型时在高温下很容易分解，且熔融黏度大、流动性差，因此在 PVC 中都需要加入适当的配合剂，通过一定的加工程序制成均匀的复合物，才能成型得到制品。

聚合物制品的获得必须经过加工成型过程。所谓的聚合物加工成型，即将树脂转变为有用并能保持原有性能的制品的过程。塑料加工成型的方法包括压制成型、注射模塑、压延成型、片材的热成型及挤出成型等。挤出成型，又称挤出模塑，它在热塑性塑料加工领域中占有非常重要的地位。由挤出方法制成的产品都是连续的型材，如管、棒、丝、板和薄膜等。

挤出加工所用的设备有螺杆挤出机和柱塞式挤出机两类。使用较多的是双螺杆挤出机，其示意如图 1 所示，其基本结构主要包括传动装置、加料装置、料筒、螺杆、机头和口模等五个部分。螺杆是挤出机的关键性部件。塑料制品的挤出成型基本过程是：首先将树脂/助剂配合料装入到料斗内。在螺杆的转动下，物料被输送进入挤出机料筒内并发生移动。在此过程中，物料受热熔化并得到增压。定量定压后的熔融物料经由机头流道进入口模。口模是制品横截面的成型部件，连续挤出的制品在此处获得所需的形状。挤出物冷却、牵引、卷取

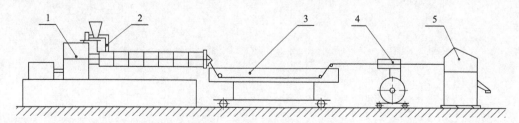

图 1　双螺杆挤出机的示意

1—主机（包括电动机、联轴器、传动系统、螺杆机筒、机头、传动箱强制润滑系统、机筒软水冷却系统、电气动力和控制系统）；2—加料装置；

3—水槽；4—牵引系统；5—切粒机

和切断，至此完成挤出过程。

聚合物制品的获得，有三个基本因素，即配方、工艺和加工成型设备。因此，塑料制品设计，从加工这方面来说，应包含配方设计，工艺设计和加工机械上的有关主要配件的设计（如模具设计、螺杆设计、机头设计等）。产品设计中，配方设计是基础，它在很大程度上决定着工艺如何制定。配方设计的内容包括主体树脂的选择及与其他树脂的配合，树脂与助剂的配合以及各种助剂之间的配合等。本实验的内容属于高分子材料成型加工领域。本实验的安排有几个出发点：第一着眼于让学生了解和掌握聚合物产品设计的全过程；第二了解PVC塑料配方设计的基本内涵，掌握PVC挤出成型加工的基本技术。

三、主要试剂与仪器

试剂：聚氯乙烯（PVC）树脂、硬质酸、邻苯二甲酸二辛酯（DOP）、三碱性硫酸铅和二碱式亚磷酸铅（或复合稳定剂）、石蜡。

仪器：SJSZ35/80锥形双螺杆挤出机（图2）、SHR-10高速混合机、电子天平。

图2 SJSZ35/80锥形双螺杆挤出机

四、实验步骤

1. 把所有金属台面，如螺杆、机筒、上料器及排气设备都要把油擦干净。

2. 查看减速箱里是否加150#极压齿轮油，加油的多少由油标显示。

3. 检查驱动转向、电动机及真空泵的转向是否正确，尽可能避免在空载下运转。

4. 接通加热器开关，检查加热及冷却是否正常，如正常即进行预热。

5. 设定各段温度分别为184℃、182℃、180℃、184℃、186℃、190℃左右，当各加热区温度达到所需数值时，保温45min。

6. 将各种原料按照表1的配方称量好放入高速混合机中混合均匀后加入料斗中。

表1 基本配方

物 料	用 量	物 料	用 量
PVC树脂（SW-1000）	100	硬脂酸钡	1.5
邻苯二甲酸二辛酯（DOP）	5	硬脂酸钙	1.0
三碱式硫酸铅	3	石蜡	2.5
二碱式亚磷酸铅	2	重质碳酸钙	10

7. 启动主电机使双螺杆在低速位置旋转，驱动给料电动机，慢慢给料，直到模口出料，

然后逐渐加速。

8. 适当调整转速及各段的加热温度，直到获得最好的制品质量和最高的产量的最佳工艺条件为止。

9. 做完后，停机先关闭真空泵，再关闭各电源开关。

五、注意事项

1. 开动挤出机时，螺杆转速要逐步上升，进料后密切注意主机电流，若发现电流突增应立即停机检查原因。

2. PVC 是热敏性塑料，若停机时间长，必须将料筒内的物料全部挤出，以免物料在高温下停留时间过长发生热降解。

3. 清理机头口模时，只能用铜刀或压缩空气，多孔板可火烧清理。

4. 本实验辅机较多，实验时可数人合作操作。操作时分工负责，协调配合。

六、思考题

1. PVC 加工用的物料中为何要加入稳定剂？除了本实验中所用的钙锌稳定剂外，还有哪些稳定剂可用？

2. PVC 物料混配时，为什么要先加增塑剂，后加稳定剂？

3. DOP 对 PVC 增塑的原理是什么？增塑剂用量对最终制品的外观和力学性能有何影响？

4. 什么是挤出机螺杆的长径比？长径比的大小对塑料挤出成型有什么影响？长径比太大又会造成什么后果？

5. 为什么 PVC 的加工温度曲线是"马鞍"曲线？

实验39 中空成型设备的操作应用

一、实验目的

1. 了解中空成型设备的结构和应用领域;
2. 掌握中空成型工艺;
3. 了解影响中空制品模具的结构特点。

二、实验原理

中空吹塑(blow molding,又称吸塑模塑)是借助气体压力使闭合在模具型腔中的处于类橡胶态的型坯吹胀成为中空制品的二次成型技术。塑料中空吹塑成型可采用挤出吹塑和注射吹塑两种方法。在成型技术上两者的区别仅在型坯的制造上,其吹塑过程基本相似。两种方法也各具特色,注射法有利于型坯尺寸和壁厚的准确控制,所得制品规格均一、无接缝线痕,底部无飞边不需要进行较多的修饰;挤出法制品形状的大小不受限制,型坯温度容易控制,生产效率高,设备简单投资少,对大型容器的制作,可配以贮料器以克服型坯悬挂时间长的下垂现象。此法工业生产上采用较多,本实验也采用挤出法,吹塑过程原理如图1所示。

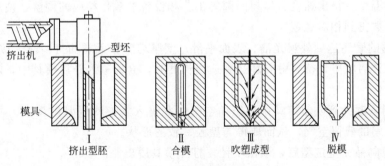

图1 吹塑过程原理

用做中空成型的原料,通常应具有熔体强度高、抗冲击性和耐环境应力开裂性好以及气密性比较好和抗药性好等特点。在热塑性塑料中,除 PE 和硬质 PVC 是较常用的材料外,也可用 HIPS、PA、PC 等工程塑料,尤其是 PET 具有质轻、透明性好、强度高、卫生性好等突出性能。目前也迅速成为满意的吹瓶原料。但就应用领域来看,仍以高、低密度 PE 最为普遍,国内、外已开发了不少吹塑成型专用树脂。

中空吹塑制品的质量除受原材料弹性影响外,成型条件、机头及模具设计都是十分重要的影响因素。尤其对影响制品壁厚均匀性的诸多因素必须严格控制和设计。

三、主要试剂与仪器

高密度聚乙烯(HDPE),中空容器吹塑机(图2)、测厚量具、剪刀、手套等。

图2　中空容器吹塑机

四、实验步骤

1. 接通电源、将控制板上的转换开关置于手动位置，检查模具。开启空气压缩机检查机器各部分运转情况是否符合工艺要求，即时调整到工作状态。

2. 根据原料工艺特性拟定挤出机各段机头和模具的加热、冷却以及成型过程各工艺条件。

3. 利用加热和控温装置将主机各区段预热到拟定温度，保温 10～15min。加入备好的预料，慢速启动主机，当熔融管坯挤出模口一小段时间后，注意观察管坯形状，表面状况等外观质量。并剪取一段坯料测量其壁厚和直径，了解"模口膨胀"和管坯均匀程度。随后针对情况将加热温度、挤出速度、口模间隙等工艺和设备参数作相应的调整，使管坯质量和各控制仪表的参数得到相对稳定。

4. 当下垂的管坯达到外观光洁、表面平滑、壁厚均匀、无卷曲打褶时，按动辅机按钮，使吹塑模置于开启状态，待熔融管坯达到适当长度时，立即移入开启模具中，闭合模具，再切断管坯。

5. 迅速引入吹针到吹塑模具中，压缩空气由此进入管坯吹胀紧贴型腔。同时排出型腔外壁与模腔之间的残留空气，从而取得与型腔一致的形状。

6. 待成型制品完全定型后，取出吹针，打开模具脱出制品。

7. 调整好工艺参数，用半自动模式，制取一定量的塑料制品。

8. 试验结束，切断电源，关闭气源。

五、思考题

1. 说明原料（PE）特性（密度、熔体流动速率、结晶度等）与挤出吹瓶工艺条件的关系。

2. 比较挤出吹塑与注射吹塑的工艺特性。从哪些工艺、设备因素可改善挤出型坯下垂现象。

3. 中空成型设备主要应用于哪些领域？请列举生活中的实例进行说明。

实验40 高分子材料硬度的测定

一、实验目的

1. 了解硬度试验的基本原理；
2. 掌握洛氏硬度计测试高分子材料硬度的基本方法。

二、实验原理

硬度是指材料抵抗其他较硬物体压入其表面的能力。硬度值大小是材料软硬程度的有条件性的定量反映，它是由材料的弹性、塑性、韧性等一系列力学性能组成的综合性指标。硬度值的大小不仅取决于材料本身，也取决于测量方法。硬度试验的主要目的是测量该材料的适用性，并通过硬度值间接了解该材料的其他力学性能，例如拉伸性能、磨损性能、固化程度等。因此，在实际生产过程中，硬度的检测对监控产品质量、完善工艺条件等具有非常重要的作用。由于硬度测量较为迅速和简便，它在工程材料应用中极为普遍。

试验开始时，试验机压头放在试件上，施加初始试验力，并建立一个由位移传感器测出的基准点。因为初试验力使压头压入试件，所以表面的光洁或不规则不会影响试验。压头在初始试验力下压入试样的压痕深度记为 h_1。接着试验机施加一个较大的主试验力，压头进入试样更深，压头在总试验力作用下的压痕深度为 h_2。然后压头在总试验力作用下保持一定时间后，卸除主试验力，同时保持初试验力，压痕因试样的弹性回复而最终形成的压痕深度为 h_3，此时，试验机测量相对于既定的基准点的凹痕直线深度 $h(h = h_3 - h_1)$，该深度就是洛氏硬度数值的基础，按照下列式子计算硬度值：

$$H_R = K - h/C$$

式中，H_R 为塑料的洛氏硬度值；h 为两次初试验力作用下的压痕深度差，mm；C 为常数，其值规定为 0.002mm；K 为换算常数，其值规定为 130。

三、主要试剂与仪器

试剂：聚丙烯（PP）板，聚苯乙烯（PS）板，硬质聚氯乙烯（PVC）板等高分子材料。
仪器：500MRD 数字显示洛氏硬度计（图1）。

四、实验准备

1. 安装试台
(1) 安装试台前应先降下螺杆，使之有足够空间来安装试台。
(2) 应根据试件大小、形状来选择合适试台。
(3) 试台安装前，应将螺杆上安装试台的孔内擦拭清洁。
2. 安装压头

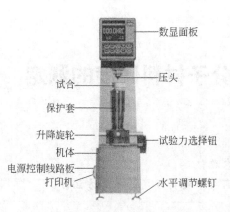

图 1　500MRD 数字显示洛氏硬度计

（1）先做压头柄及主轴孔清洁工作，再将压头伸进主轴孔，要求压头柄平面与主轴孔边上螺钉对准伸进。

（2）不要使压头尖端与试台相撞击，如将压头撞击淬硬试台，两者都会损坏。

（3）要求压头柄伸进到压头台肩与主轴孔肩密合为止，然后轻轻支紧主轴孔螺钉，待正式做试验时，当初试验力加上后，将主轴孔螺钉松开，直到主试验力加上后，再将螺钉轻轻支紧，以使压头更好地安装在主轴上。

五、实验步骤

1. 试样准备。试样的大小应保证每个测点的中心与试样边缘的距离不小于 7mm，各测点中心之间的距离也不小于 25mm，试样厚度应不小于 4mm。按照 50mm×50mm×4mm 尺寸切割制试样。根据试样预估的硬度值和试样的厚度选择相应的压头和负荷大小。

2. 开启电源开关。

3. 将试样放在试台上，要求试样表面应平整光洁，不应有污物、氧化皮、裂缝、凹坑及显著的加工痕迹。试样的支撑面和试台应清洁，保证良好的密合，试件的厚度应大于 10 倍的压痕深度。

4. 顺时针平稳旋转升降旋轮，使升降螺杆上升，当压头触到试件时，升降螺杆应平稳缓慢上升，此时屏幕数字显示由 0 上升到 580～620 之间，与此同时在数字显示上方 24 只绿色、5 只黄色、3 只红色发光二极管也由第 1 只绿色发光二极管发光开始一直延伸到 24 只绿色全部发光最后进入 5 只黄色发光二极管区域之间发光，并报一声警，此时，应立即停止旋转升降旋轮。屏幕上 580～620 之间数字翻转为 100，与此同时，电机自动加试验力，自控延时试验力时间，自动卸除主试验力，此时，可以读取硬度值。每次测试结束，数据将从 RS-232 口输出。

5. 逆时针旋转升降旋轮下降升降螺杆，自动复零，则一次试验循环结束。如需继续作试验则可按 2～4 顺序循环操作。

6. 打印。首先打开打印机电源开关，然后按面板上 PRINT 键，打印机开始打印，值得提醒一点是，须测试 2 次以上有效（因第一点测试工作不作记录）。在打印同时 RS-232 接口输出相关信息。打印完毕后，进入新的一轮测试，NO 从 0 开始。

7. 每组试样测量点数不少于 3 个。

六、数据处理

1. 将实验数据填入表1。

表1 实验测得数据表

序号	标尺	压头	总试验力	硬度值	平均值
1					
2					
3					

2. 结果分析

硬度计标尺、压头、试验力及应用一览见表2所列。

表2 硬度计标尺、压头、试验力及应用一览

硬度标尺	压头 /mm(in)	初试验力 /N(kgf)	总试验力 /N(kgf)	应 用
A	金刚石圆锥型压头		588(60)	硬质合金钢、深度渗碳钢
B	钢球压头 φ1.5875(1/16)		980(100)	铜合金、低碳钢、铝合金、可锻铸铁
C	金刚石圆锥型压头		1471(150)	钢、硬铸铁、钛、深硬化钢及斯利特可锻铸铁
D	金刚石圆锥型压头		980(100)	薄钢、中等渗碳钢及波利特可锻铸铁
E	钢球压头 φ3.175(1/8)		980(100)	铸铁、铝及镁合金、轴承金属
F	钢球压头 φ1.5875(1/16)		588(60)	退火软铜合金、薄软金属板
G	钢球压头 φ1.5875(1/16)	98(10)	1471(150)	磷青铜、铜铍合金、可锻铸铁
H	钢球压头 φ3.175(1/8)		588(60)	铅、锌铅
K	钢球压头 φ3.175(1/8)		1471(150)	轴承合金及其他软或薄金属,包括塑料
L	钢球压头 φ6.35(1/4)		588(60)	
M	钢球压头 φ6.35(1/4)		980(100)	
P	钢球压头 φ6.35(1/4)		1471(150)	轴承合金及其他软或薄金属,包括塑料
R	钢球压头 φ12.7(1/2)		588(60)	
S	钢球压头 φ12.7(1/2)		980(100)	
V	钢球压头 φ12.7(1/2)		1471(150)	

七、注意事项

1. 在对试样进行测试前,首先必须确定使用的洛氏硬度标尺,这种标尺需要一种试验力与压头的特定组合。标尺的选择应合适,以便使得硬度值处于50～115之间。

2. 为了避免冷加工的影响,材料的厚度必须是压痕深度的10倍。

3. 在施加初试验力时,如进入红色发光二极管发光,并报警声不断,则该点应作废,并逆时针旋转升降旋轮,退下升高螺杆,直退至数字管为0和发光二极管全熄灭为止,此后重新开始。

4. 测得的洛氏硬度值用前缀字母和数字表示,例如使用M标尺测得的洛氏硬度值为70,则表示为HRM70。

八、思考题

除了洛氏硬度外,还有哪几种常用的硬度表示方法?分别是怎样测定的?

实验41 高聚物维卡软化点温度的测定

一、实验目的

1. 掌握维卡软化点温度测试仪的使用方法；
2. 掌握塑料维卡软化温度的测试方法。

二、实验原理

维卡软化温度是指一个试样被置于所规定的试验条件下，在一定负载的情况下，一个一定规格的针穿透试样 1mm 深度时的温度。这个方法适用于许多热塑性材料，并且以此方法可用于鉴别和比较热塑性材料软化的性质。

三、实验仪器

仪器：RV-300A 维卡软化点测定仪。

维卡软化点测试仪主要由浴槽和自动控温系统两大部分组成。浴槽内装有导热液体、试样支架、砝码、指示器等构件，其基本结构如图 1。

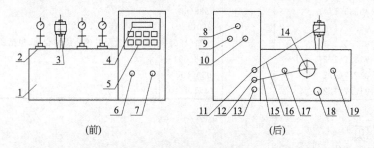

(前)　　　　　　　　　(后)

图 1　维卡软化点测试仪主机示意

1—主机；2—试样架；3—搅拌电机；4—显示窗；5—控制按键；6—加热指示灯；7—电源指示灯；
8—电源开关；9—排烟开关；10—搅拌开关；11—报警插头；12—搅拌电机插头；13—电源线插头；
14—排烟机；15,16—搅拌电机连线；17—冷却出水口；18—放油阀；19—冷却入水口

四、试样与测试条件

1. 试样：一般试样的厚度必须大于 3mm，面积必须大于 10mm×10mm。

2. 测试条件：保持连续的升温速度为 50℃/h 或 120℃/h，并且穿透针必须垂直压入试样，压入载荷为 5kg 或 1kg，它是砝码和加力杆等的总和，即相应负荷分别为 9.81N 和 49.05N。

五、实验步骤

1. 选试样。成型后选取厚度大于 3mm，宽和长大于 10mm×10mm 的试样，并要求试

样表面平整，没有裂纹，没有气泡。

2. 荷重的选取。根据负荷力选用不同质量的砝码。维卡软化点温度的测量有两种规定的负荷：9.81N 和 49.05N。由此进行砝码组合。

3. 安放试样。抬起试样架，用螺钉将压头紧固在负载杆上，将所需试样放在试验位置上，放下负载杆，将试样压下，把试样架放回油箱内，将选好的砝码平放在托盘上，其余试样也如此。加砝码预压 5min 后，继续以下操作。

4. 调整预压变形量。将百分表安装在测量调整架上，将报警连线接在主机的报警插头上，接上电源，打开电源开关，则该控温单元处于复位状态。在此状态下任一试样架上的百分表连动触点与固定触点相接时，将产生报警，利用这一功能依次调准每一试样架的预压变形量，其具体调整方法如下：旋转测量调整手柄，使测量百分表向上移动至发出报警声时向相反的方向旋转测量调整手柄，调到刚好报警声停止，此时为测量变形量的零点。继续旋转测量调整手柄通过百分表，观察至预定变形量为止。

5. 参数设定。在程序温度控制部分处于复位状态时，进行如下参数设定。

(1) 升温速度的设定　速率设定为升温速率设定的有效键，按动它，则该时显示器上显示的数值被相应记忆、有效，同时显示器清 0。该设定值的单位为度/小时（℃/h）。利用 5 个数字设定键即可对 120℃/h 或 50℃/h 的升温速率进行设定（以最后一次按动设定键时显示器的值为真正有效）。

(2) 上限温度设定　上限设定键为设定有效键，其单位为度（℃）。试验时，当试验温度到达上限温度时，仪器自动停止控制温度和加热。所以，设定上限温度时其温度值要略高于该试验类型和试验材料的变形温度和软化点温度。否则，试验将失败。上限温度也可不设定，此时，仪器将以 300℃ 为其上限温度。

6. 启动升温。完成上述设定并确认无误后，即可按动启动键，启动升温，试验开始。

7. 读取试验结果：每一试验架试验结束时，程控部分将发生报警，当全部试样均完成试验后，即可通过显示器读取试验结果温度即按动 0.1 键，按第一次为第一个试验架试验结果。

六、注意事项

1. 试验进行中不能停止试验，如按动复位键，人为断开电源等。否则，此次试验无效。

2. 装取试样时，不要将试样掉入油池内，若掉入，一定要取出后再进行试验。

3. 按动启动键后，若显示器出现 "E" 字符，说明设定错误，按复位后重新设定。

4. 除 100 键外，启动键、上限设定、速率设定三个键也均为双功能键，工作中按动它们分别具有实时温度显示、上限温度设定显示、升温速率显示功能。

七、数据处理

1. 将实验记录在表 1 中。

表 1　数据记录

试样编号	试样尺寸/mm			砝码质量	升温速率	试验结果温度
	a	b	c			
1						
2						
3						

注：a、b、c 分别表示试件的长、宽、高。

2. 结果分析

分析测试结果的平均值和方差。

八、思考题

影响维卡软化点温度测试结果的因素有哪些？

实验42 塑料冲击强度的测定

一、实验目的

1. 熟悉冲击实验的原理和测试方法；
2. 测定几种高聚物材料的冲击强度。

二、实验原理

冲击强度是高聚物材料的一个非常重要的力学指标，它是测定材料制品在高速冲击状态下的韧性或对断裂的抵抗能力，也称为材料的韧性。塑料制品在使用的过程中，经常受到外力冲击作用致使其受到破坏，因此，在力学性能测试中，只进行静力实验是不能满足材料使用要求的，所以必须对塑料材料进行动态载荷实验，这一点在工程设计中尤其重要。测量冲击强度有两种方法：落球式冲击试验和摆锤式冲击试验，以后者最为常用。摆锤式冲击实验又分两种，即悬臂梁式和简支梁式冲击实验。

本方法适用于测定玻璃纤维织物增强塑料板材和短切玻璃纤维增强塑料的冲击韧性。

1. 试样准备

试样的形状和尺寸见表1和表2。

表 1 试样类型及尺寸

试样类型	长度 L/mm	宽度 b/mm	厚度 h/mm
1	80±2	10±0.5	4±0.2
2	50±1	6±0.2	4±0.2
3	120±2	15±0.5	10±0.5
4	125±2	13±0.5	13±0.5

表 2 试样的缺口类型

试样类型	缺口类型	缺口剩余厚度 d_k/mm	缺口底部半径 r/mm	缺口宽度 n/mm
1-4	A	0.8d	0.25±0.05	—
	B	0.8d	1.0±0.05	
1.3	C	2d/3	≤0.1	2±0.2
2	C	2d/3	≤0.1	0.8±0.1

图1~图3中，L 为试样长度；d 为试样厚度；r 为缺口底部半径；b 为试样宽度；d_k 为试样缺口剩余厚度。

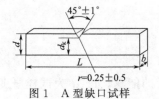

图 1 A 型缺口试样

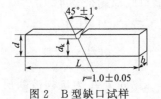

图 2 B 型缺口试样

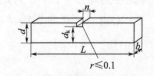

图 3 C 型缺口试样

123

2. 实验设备

摆锤式简支梁冲击机。实验中夹持台，摆锤冲击刃及试样位置关系如图 4。

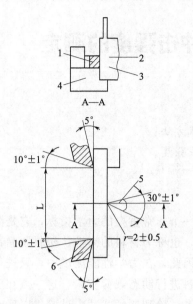

图 4　简支梁冲击持台、摆锤冲击刃及试样位置

1—试样；2—冲击方向；3—冲击瞬间摆锤位置；4—下支座；5—冲击刀刃；6—支持块

3. 实验步骤

① 按试样标准制样，每组 5 个样。

② 根据试样破坏时所需的能量选择摆锤，使试样破断所需的能量在摆锤总能量的 10%～80%区间内。

③ 调节能量刻度盘指针零点，使它在摆锤处于起始位置时与主动针接触。进行空白实验，保证总摩擦损失在规定的范围内。

④ 将试样水平放置在支座上，宽面紧贴支座铅直支撑面背向冲锤，试样中心缺口应位置与冲锤对准。

⑤ 释放摆锤连续冲断试样，从度盘读取示值。此示值即为试样破断所消耗的能量 A_k。

4. 试验结果与计算

① 缺口试样简支梁冲击强度按式(1) 计算：

$$a_k = \frac{A_k}{bd_k} \times 10^{-3} \tag{1}$$

式中，a_k 为缺口试样简支梁冲击强度，kJ/m^2；A_k 为破坏试样所吸收的冲击能量，J；d_k 为试样的厚度，m；b 为试样缺口底部剩余宽度，m。

② 无缺口试样简支梁冲击强度按式(2) 计算：

$$a = \frac{A}{bd} \times 10^{-3} \tag{2}$$

式中，a 为简支梁冲击强度，kJ/m^2；A 为试样破断所消耗的能量，J；d 为试样厚度，m；b 为试样宽度，m。

124

三、悬臂梁冲击试验方法

本方法是用悬臂梁冲击试验机对试样施加一次冲击负荷，以试样断裂时单位宽度所消耗的能量来衡量材料的冲击韧性。

1. 试样准备

试样的尺寸规格见表3与表4。形状和缺口如图5和图6。

表3　试样类型及尺寸

试样类型	长度 L/mm	宽度 b/mm	厚度 h/mm
Ⅰ	80.0±2	10.0±0.2	4.0±0.2
Ⅱ	63.5±2	12.7±0.2	12.7±0.2
Ⅲ			6.4±0.2
Ⅳ			3.2±0.2

表4　Ⅰ型试样的缺口类型及尺寸

缺口类型	缺口底部半径 r/mm	缺口底部剩余宽度 b_n/mm
无缺口	—	—
A	0.25±0.05	8.0±0.2
B	1.0±0.05	8.0±0.2

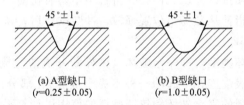

(a) A型缺口　　　　　　(b) B型缺口
($r=0.25\pm0.05$)　　　　($r=1.0\pm0.05$)

图5　冲击试样缺口形状（r 为缺口底部半径）

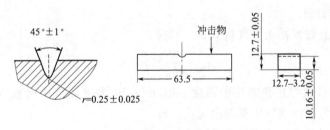

图6　尺寸示意

2. 实验设备

摆锤式悬臂梁冲击试验机，试样夹持台、摆锤的冲击刃及试样位置如图7。

3. 实验步骤

(1) 按试样标准制样，每组5个样。

(2) 测量缺口处的试样宽度精确到0.05mm。

(3) 选择适宜的摆锤，使试样破断所需的能量在摆锤总能量的10%～80%区间内。如果有几个摆锤都能满足要求时，应选择其中能量最大的摆锤。

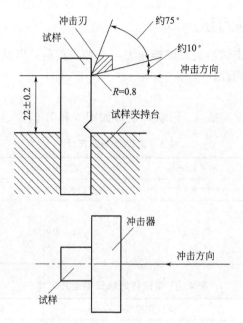

冲击刃　约75°

试样　约10°

冲击方向

$R=0.8$

22 ± 0.2

试样夹持台

冲击器

冲击方向

试样

图 7　试样夹持台、摆锤的冲击刃及试样位置

（4）将摆锤连同被动指针从预扬角位置释放，空试样冲击，从刻度盘读取示值，此值即克服风阻和摩擦的动能损失，校正刻度盘指针。

（5）用适宜的夹持力夹持试样，试样在夹持台中不得有扭曲和侧面弯曲。

（6）将摆锤连同被动指针从预扬角位置释放，冲断试样后，从度盘读取示值。此示值即为试样破断所消耗的能力 W。

试样可能出现四种破坏类型，即完全破坏（试样断开成两段或多段）、铰链破坏（断裂的试样由没有刚性的很薄表皮连在一起的一种不完全破坏）、部分破坏（除铰链破坏外的不完全破坏）和不破坏。测得的完全破坏和铰链破坏的值用以计算平均值。在部分破坏时，如果要求部分破坏值，则以字母 P 表示。完全不破坏时用 NB 表示，不报告数值。

4. 实验结果与计算

（1）缺口试样悬臂梁冲击强度按式（3）计算：

$$a_{\mathrm{in}}=\frac{W}{hb_{\mathrm{n}}}\times10^{-3}\tag{3}$$

式中，a_{in} 为缺口试样悬臂梁冲击强度，kJ/m^2；W 为破坏试样所吸收的能量，J；h 为试样厚度，m；b_{n} 为试样缺口底部剩余宽度，m。

（2）无缺口试样悬臂梁冲击强度按式（4）计算：

$$a_{\mathrm{iv}}=\frac{W}{hb}\times10^{-3}\tag{4}$$

式中，a_{iv} 为悬臂梁冲击强度，kJ/m^2；W 为试样破断所消耗的能量，J；h 为试样厚度，m；b 为试样宽度，m。

四、思考题

1. 影响冲击强度的因素有哪些？

2. 如何从配方及工艺上提高高聚物材料的冲击强度？

实验43 塑料拉伸强度的测定

一、实验目的

1. 掌握塑料拉伸强度的测定方法；
2. 学会分析材料的应力-应变曲线。

二、实验原理

拉伸试验是在规定的试验温度、试验速度和湿度条件下，对标准试样沿其纵轴方向施加拉伸载荷，直到试样被拉断为止。拉伸试验测出的应力和应变对应值可以绘制应力-应变曲线。从曲线上可以得到材料的各项拉伸性能指标值。曲线下方所包括的面积代表材料的拉伸破坏能，它与材料的强度和韧性相关。因此，拉伸性能测试是非常重要的一项试验，可为研究开发与工程设计提供数据。

应力-应变曲线通常以应力值作为纵坐标、应变值作为横坐标。应力-应变曲线一般分为两个部分：弹性变形区和塑性变形区。不同结构的高分子材料表现的应力-应变曲线的形状也不同。根据拉伸过程中屈服点的表现，伸长率的大小以及其断裂情况，应力-应变曲线大致可归纳成以下5种类型：(a) 软而弱；(b) 硬而脆；(c) 硬而强；(d) 软而强；(e) 硬而韧（图1）。

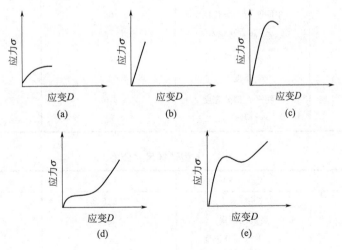

图1 五种类型的应力-应变曲线

三、主要试剂与设备

1. 试样形状

拉伸试验共有4种类型的试样：Ⅰ型试验样（双铲形），Ⅱ型试样（哑铃形），Ⅲ型试样（8字形），Ⅳ型试样（长条形），如图2～图5所示：

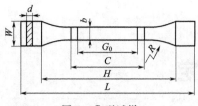

图2　Ⅰ型试样

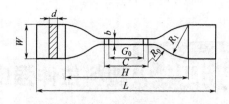

图3　Ⅱ型试样

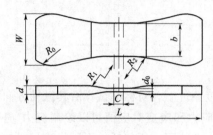

图4　Ⅲ型试样

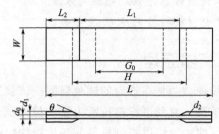

图5　Ⅳ型试样

2．试样尺寸规格

不同类型的样条有不同的尺寸公差，具体见表1～表4所列。

表1　Ⅰ型试样尺寸公差

单位：mm

物理量	名　称	尺寸	公差
L	总长度（最小）	150	—
H	夹具间距离	115	±5.0
C	中间平行部分长度	60	±0.5
G_0	标距（或有效部分）	50	±0.5
W	端部宽度	20	±0.2
d	厚度	4	—
b	中间平行部分宽度	10	±0.2
R	半径（最小）	60	—

表2　Ⅱ型试样尺寸公差

单位：mm

物理量	名　称	尺寸	公差
L	总长度（最小）	115	—
H	夹具间距离	80	±5.0
C	中间平行部分长度	33	±2.0
G_0	标距（或有效部分）	25	±1.0
W	端部宽度	25	±1.0
d	厚度	2	—
b	中间平行部分宽度	6	±0.4
R_0	小半径	14	±1.0
R_1	大半径	25	±2.0

128

表 3　Ⅲ型试样尺寸公差　　　　　　　　　　　　　　单位：mm

符号	名　　称	尺寸	符号	名　　称	尺寸
L	总长度（最小）	110	b	中间平行部分宽度	25
C	中间平行部分长度	9.5	R_0	端部半径	6.5
d_0	中间平行部分厚度	3.2	R_1	表面半径	75
d_1	端部厚度	6.5	R_2	侧面半径	75
W	端部宽度	45			

表 4　Ⅳ型试样尺寸公差

符号	名　　称	尺寸/mm	公差/mm
L	总长度（最小）	250	—
H	夹具间距离	170	±5.0
G_0	标距（或有效部分）	100	±0.5
W	宽度	25 或 50	±0.5
L_2	加强片最小长度	50	
L_1	加强片间长度	150	±5.0
d_0	厚度	2～10	
d_1	加强片厚度	3～10	
θ	加强片角度	5°～30°	
d_2	加强片		

3．实验仪器设备

WSM 计算机控制电子万能试验机（图 6），游标卡尺，直尺，千分尺，记号笔。

4．拉伸时的速度设定

塑料属于黏弹性材料，它的应力松弛过程与变形速率紧密相关，应力松弛需要一个过程。当低速拉伸时，分子链来得及位移，重排，呈现韧性行为；高速拉伸时，高分子链段的运动跟不上外力作用速度，呈现脆性行为。不同品种的塑料对拉伸速度的敏感不同，硬而脆的塑料对拉伸速度比较敏感，一般采用较低的拉伸速度。韧性塑料对拉伸速度的敏感性小，一般采用较高的拉伸速度，以缩短试验周期，提高效率。国家标准规定：拉伸试验方法的试验速度范围为 1～500mm/min，分为 9 种速度，见表 5所列。

图 6　WSM 计算机控制
电子万能试验机

表 5　拉伸速度范围

类　型	速度/(mm/min)	允许误差/%	类　型	速度/(mm/min)	允许误差/%
速度 A	1	±50	速度 F	50	±10
速度 B	2	±20	速度 G	100	±10
速度 C	5	±20	速度 H	200	±10
速度 D	10	±20	速度 I	500	±10
速度 E	20	±10			

不同塑料见表6所列。

表6 不同塑料优选的试样类型及相关条件

塑料品种	试样类型	试样制备方法	试样最佳厚度/mm	试验速度
硬质热塑性材料 热塑性增强材料	Ⅰ型	注塑 模压	4	B,C,D,E,F
硬质热塑性塑料板 热固性塑料板(包括层压板)		机械加工	2	A,B,C,D,E,F,G
软质热塑性塑料 软质热塑性塑料板	Ⅱ型	注塑 模压 板材机械加工 板材冲切加工	2	F,G,H,I
热固性塑料(包括填充增强塑料)	Ⅲ型	注塑 模压	—	C
热固性增强塑料板	Ⅳ型	机械加工	—	B,C,D

四、实验步骤

1. 在试样中间平行部分坐标线,注明标距 G_0。

2. 测量标线间试样的厚度和宽度,每个试样测量3个点,取平均值。

3. 夹具夹持试样时,要使试样纵轴与上下夹具中心连线重合,且松紧要适宜。防止试样滑脱或断在夹具内。

4. 根据材料强度的高低选用不同吨位的试验机,使示值在表盘满刻度的 $10\%\sim90\%$ 范围内,示值误差应在 $\pm1\%$ 之内。并及时进行校准。

5. 试验速度应根据受试材料和试样类型进行选择。

6. 试样断裂在中间平行部分之外时,此试验作废,应另取试样补做。

7. 记录试验结果。

五、结果处理

1. 根据试验机绘出的不同材料的拉伸曲线,比较和鉴别它们的性能特征。

2. 拉伸强度或拉伸断裂应力按式(1)计算:

$$\delta_t = \frac{P}{bd} \times 10^{-6} \tag{1}$$

式中,δ_t 为拉伸强度或拉伸断裂应力 MPa;P 为最大负荷或断裂负荷 N;b 为试样宽度,m;d 为试样厚度,m。

3. 断裂伸长率按式(2)计算:

$$\varepsilon_t = \frac{G - G_0}{G_0} \times 100\% \tag{2}$$

式中,ε_t 为断裂伸长率,%;G_0 为试样原始标距,m;G 为试样断裂时标线间距离,m。

六、思考题

1. 不同材料的应力-应变曲线有何不同?

2. 改变试样的拉伸速率会对试验产生什么样的影响?

实验44 塑料弯曲强度的测定

一、实验目的

1. 熟悉材料弯曲强度测试原理及其影响因素；
2. 测定不同性质材料的弯曲强度值。

二、实验原理

弯曲性能主要用来检测材料在经受弯曲负荷作用时的性能。塑料的静弯曲强度是指用三点加载简支梁法将试样放在两个支点上，在两支点中间的试样上施加集中载荷，使试样变形直至破坏时的强度。

本实验对试样施加静态三点式弯曲负荷，测定试样在弯曲变形过程中的特征量，如弯曲应力、定挠度时弯曲应力、弯曲破坏应力、弯曲强度、表观弯曲应力等。静弯曲屈服强度是指试样弯曲负荷达到最大值时的弯曲强度（σ），表达式如下：

$$\sigma = \frac{1.5PL}{bh^2} \tag{1}$$

式中，P 为最大负荷（或破坏载荷），N；L 为试样长度（即两支点间的距离），mm；b 为试样宽度，mm；h 为试样厚度，mm。

三、主要试剂与仪器

实验材料：脆性材料，聚苯乙烯（PS）；非脆性材料，低密度聚乙烯（LDPE）。

仪器设备：材料试验机（日本岛津 AG-10KNA），游标卡尺，直尺。

四、实验步骤

1. 试样形式和尺寸　试样形式和尺寸如图1、表1。

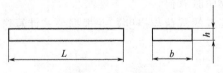

图1　弯曲试样

表1　弯曲标准试样尺寸　　　　　　　　　　　　　　　　　　单位：mm

长度L	宽度b	厚度h
20h	15±0.2	$1 < h \leqslant 10$
	30±0.5	$10 < h \leqslant 20$
	50±0.5	$20 < h \leqslant 35$
	80±0.5	$35 < h \leqslant 50$

2. 在万能电子拉力机上装上换向器和弯曲支持器、加载上压头。调节好实验跨度，放置好试样，加工面朝上（图2），压头与加工面应是线接触，并保证与试样长度的接触线垂直于试样长度方向。

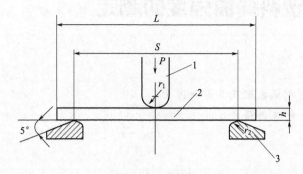

图 2　弯曲压头条件

1—压头（$r_1 = 10\text{mm}$ 或 5mm）；2—试样；3—试样支点台（$r_2 = 2\text{mm}$）；

h—试样高度；P—弯曲负荷；L—试样长度；S—跨距

3. 设定实验条件

(1) 试验方式：单向弯曲试验。

(2) 试验速度：2mm/min。

(3) 返回速度：500mm/min。

(4) 返回位置：300mm。

(5) 记录方式（RECORDER MODE）X-T。

(6) 传感器容量：10000N。

(7) 载荷满量程：5000N。

(8) 走纸比率：0.01。

4. 键入样品参数

(1) 样品弯曲跨距：100mm。

(2) 样品编号、样品厚度（mm）、样品宽度（mm）。

五、结果记录与讨论

1. 在曲线上读出破坏或屈服载荷。

2. 计算出比例极限区某点的载荷与挠度，并根据公式计算弯曲强度或弯曲屈服强度。

六、思考题

1. 哪些因素会对弯曲强度测定结果产生影响？

2. 塑料的弯曲强度与聚合物的结构有何关系？

实验45 高聚物流动速率（熔体流动速率）的测定

一、实验目的

1. 了解熔体流动速率仪的构造及使用方法；
2. 了解热塑性高聚物的流变性能在理论研究和生产实践上的意义；
3. 掌握高聚物熔体流动速率的测量原理。

二、实验原理

所谓熔体流动速率（MFR），又称熔体流动指数（MFI）或熔融指数（MI），是指热塑性塑料等热塑性材料在一定的温度、一定的压力下，熔体在 10min 内通过标准毛细管的重量，用 g/10min 表示。以用来区别各种塑性材料在熔融状态下的流动性能，用以指导热塑性高聚物材料的合成及加工等工作。一般来说，熔融指数较大的热塑性高聚物，其加工性能较好。

表征高聚物熔体的流动性好坏的参数是熔体的黏度。熔体流动速率测定仪实际上是毛细管黏度计，其结构简单，所测量的是熔体流经毛细管的质量流量。由于熔体密度数据很难获得，故不能计算表观黏度。但由于质量与体积成一定比例，故熔体流动速率也就表示了熔体的相对黏度值。因而，熔体流动速率可以用作区别各种热塑性材料在熔融状态时流动性的一个指标。对于同一类高聚物，可由此来比较出分子量的大小。一般来说，同类的高聚物，分子量愈高，其强度、硬度、韧性、缺口冲击等物理性能也会相应有所提高；反之，分子量小，熔体流动速率则增大，材料的流动性就相应好一些。在塑料加工成型中，对塑料的流动性常有一定的要求。如压制大型或形状复杂的制品时，需要塑料有较大的流动性。如果塑料的流动性太小，常会使塑料在模腔内填塞不紧或树脂与填料分头聚集（树脂流动性比填料大），从而使制品质量下降，甚至成为废品。而流动性太大时，会使塑料溢出模外，造成上下模面发生不必要的黏合或使导合部件发生阻塞，给脱模和整理工作造成困难，同时还会影响制品尺寸的精度。由此可知，塑料流动性的好坏，与加工性能关系非常密切。在实际成型加工过程中，往往是在较高的切变速率的情况下进行的。为了获得适合的加工工艺，通常要研究熔体黏度对温度和切变应力（施加的压力）的依赖关系。掌握了它们之间的关系之后，可以通过调整温度和切变应力来使熔体在成型过程中的流动性符合加工以及制品性能的要求。由于熔体流动速率是在低切变速率的情况下获得的，与实际加工的条件相差很远，因此，熔体流动速率主要是用来表征由同一工艺流程制成的高聚物性能的均匀性，并对热塑性高聚物进行质量控制，简便地给出热塑性高聚物熔体流动性的度量，作为加工性能的指标。

对流动速率可采用熔体流动速率测定仪测定。按 ISO 1133(97) 可采用质量法，即在定负荷、定时间间隔，测定通过口模的熔体的质量，也可采用体积法，即在定负荷、定距离情况下测定时间。本实验所用仪器只能用质量法。仪器按 GB 3682 的技术要求，在周围有加热元件和保温材料的标准料管下端，安装一只标准口模，在料管加热到设定的温度时，加入被试料样，并插入带活塞的压料杆，在压料杆上端施加选定负荷砝码。通过热塑性试样在一定温度和负荷下，单位时间内通过口模的熔体质量，即可确认该料样每 10min 通过口模的质量，即该料样的熔体流动速率。

三、主要试剂与仪器

SRZ-400C 型熔体流动速率测定仪，高密度聚乙烯（PE）。

四、实验步骤

1. 准备工作

（1）将仪器安装在稳定的水泥台面上，室温条件，相对湿度不大于 60%，周围无腐蚀性介质、强磁场干扰及振动的环境中。

（2）将仪器接在 220V，AC、50Hz 相对稳定的电源上，最好接一台稳压电源。

（3）将水平仪插入到料筒中，旋转仪器的四个地脚，使水平仪中气泡停留在圈线的中心即为调好。

（4）把料筒清料杆缠上纱布，清理料筒中的异物。

（5）推上口模挡板，将口模放入料筒内。

（6）将打印机电缆及电源线接好。

（7）打开控温表开关，按上下方向键，将温度设置为 190℃。然后按住"MODE"键不放，控温表将进入设置状态，连续按"MODE"键，将绿色数显切换到 _PuS 状态，然后按上下键来调整试验温度所对应的修正值为 3.3。调整好后，按住"MODE"不放，退出设置状态。

（8）将带活塞的 A 砝码插入料筒内，然后打开电源开关。

（9）切刀调整：根据试样和所用砝码调整切料刀。

2. 实验条件

选择实验条件为：PE 加入量为 5~6g，实验温度为 190℃，砝码重量为 2.16kg，切料时间间隔 10s，依下列步骤进行操作。

（1）打开电源后，按"设置"键，显示器显示：

[F － － －]　　　上显示器
[0　0　0　1]　　　下显示器

进入试验方式选择状态，该状态为试验方式一为质量法。试验方式二为体积法，本机未配备体积法部件，请选择方式一。

（2）试验方式选定后，按"确认"键，显示器显示：

[C － － －]　　　上显示器
[0　0　0　5]　　　下显示器

进入切料次数设定状态，下显示器上显示的 5 即为内设切料次数。如需修改，可按"启动/清零"键清零，然后按"D"键修改，切料次数最大为十次。本实验切料次数设为三次。

（3）切料次数设定后，按"确认"键，显示器显示

[S － － －]　　　S 代表时间秒
[0　0　0　5]　　　5 为内设 5 秒

进入时间间隔设定状态，如需修改时间可按"T"或"D"键，"T"、"D"可修改十秒

位和秒位数值。如设错可按"启动/清零"键清零重新设置。设定为 10 后，按"确认"键，显示器显示：

[0 0 0 0]
[I F 0 X]

[IF] 表示方式一，[2F] 表示方式二，[0X] 为切料次数提示。

（4）试验阶段　试验参数设定后，进入试验阶段

① 恒温阶段　按"启动/清零"键，开始对炉体进行恒温计时，显示器显示：

[0 0 0 0]　　　恒温时间提示
[S H E 0]　　　恒温过程标识

标准恒温时间为 15min，提前 10s 发出音响提示，至 15min 时，即自动转为加料阶段。

注：此阶段目的为使温度达到预设的温度且稳定。

② 加料阶段　显示器显示：

[0 0 0 0]　　　加料时间提示
[J I A 0]　　　加料状态标识

用漏斗装入已称好的试样，并用装料杆压实，以免产生气泡。加料时间为 1min，需在 1min 内完成加料，提前 10s 发出音响提示，并自动转入料样加温阶段。

③ 料样加温　显示器显示

[0 0 0 0]　　　加温时间提示
[Y U 0 0]　　　加温状态标识

料样温度恢复需 4min，提前 10s 音响提示，时间终到时，自动转到 1min 压料阶段。

④ 压料阶段　显示器显示

[0 0 0 0]　　　压料时间提示
[Y A 0 0]　　　压料状态标识

压料时间为 1min，提前十秒钟音响提示，到 1min 时位置状态至下环标线 5~10mm。

压料方法：将总重量为 2.16kg 的砝码放到压料杆上。

注：在试验阶段，如需越过当前状态，提前转入下一状态，可按"启动/清零"键即可跳转到下一状态。

⑤ 切割阶段

[0 0 0 0]　　　切割时间显示
[1 F 0 X]　　　方式及切割次数显示

1F 表示方式一，0X 表示切割次数；2F 表示方式二。

方式一：到切割时间切割一次，直到达到切割次数为止，两标线间的无气泡的料样为有效料样，取连续三次切割料样的平均质量（精密天平称其质量）。

（5）打印阶段　当切料结束后即可进入打印阶段。

① 按"J/P"键即可进行打印，显示器显示：

[0 0 0 0]
[0 — — r]

进入试验温度设定状态，其中　　（单位℃）

[0 0 0 0]
　↓　　↓　　↓　　↓

分别表示 　　千，百，十，个　位
　　　　　　　　　　↓　　↓　　↓

分别用 　　设置键 J/P 键 T 键 　　进行设定（190℃）

〔 0 － － r 〕
　　　　　　　↓

表示 　小数点后一位，用"D"键进行设定

② 温度设定后，按"确认"键，显示器显示：

〔 0 0 0 0 〕
〔 0 － － P 〕

进入砝码重量设定状态，其中 　（单位 g）

〔 0 0 0 0 〕
　　↓　　↓　　↓

分别表示 　　千，百，十　位
　　　　　　　　　↓　　↓　　↓

分别用 　　设置键 J/P 键 T 键 　　进行设定（2160g）

〔 0 0 0 P 〕
　　　　　　↓

表示个位用"D"键进行设定

③ 砝码重量设定后，按"确认"键，显示器显示：

〔 0 0 0 0 〕
〔 0 － U 1 〕

方式一：进入样条重量设置状态，其中 　（单位 mg）

注：样条重量请用精密天平测量得出结果

〔 0 0 0 0 〕
　↓　　↓　　↓　　↓

表示 　　万，千，百，十　位
　　　　　　　　↓　　↓

用 　　设置键 　J/P 　键 T 键 　进行设定

〔 0 － U 1 〕
　　　　　　↓

表示 　个位，用"D"键 　进行设定

待三个样条资料键入后，再按"确认"键，显示器显示：

〔 1 3 3. 3 〕
〔 1 － F r 〕

即每 10min 挤出的料样质量为 133.3g（该值为假定值）

④ 按"确认"键，显示器显示：

〔 y R － － 〕
〔 0 0 0 0 〕

进入年代输入状态，其中

```
[ 0 0 0 0 ]
    ↓ ↓ ↓ ↓
```

表示　　　　千　百　十　个

```
    ↓ ↓ ↓ ↓
```

分别用　设置键　J/P键　T键 D键　设定年代

设定完成后，按"确认"键，显示器显示：

```
[ d R — — ]
[ 0 0. 0 0 ]
```

进入月日输入状态，其中

```
[ 0 0. 0 0 ]
    ↓     ↓
```

分别表示　　　月　　　　日

```
    ↓     ↓
```

分别用　　J/P键　　D键　　　　　设定月日

设定完成后，打印机动作。

方式一：打印出设定温度、砝码重量、切料时间间隔、样条的平均质量（单位：mg）、熔体流动速率（单位：g/10min）、及年月日。

注：在设定过程中如有错，可按"启动/清零"清零，进行重新设置。

（6）仪器的清洗　剩余料由口模全部压出，拉开口模挡板，口模落在托盘中，趁热清洗。料筒内用纱布或铜网绕在清料杆上，反复擦拭干净。

五、数据处理

本仪器可自动计算并打印结果，计算公式如下。

质量法熔体流动速率计算公式：$MFR = 600W/t$

式中，MFR 为熔体质量流动速率，g/10min；W 为切取样条重量的算术平均值，g；t 为切样时间间隔，s，试验结果取两位元数位。

六、思考题

1. 测量高聚物的熔体流动速率有何意义？
2. 聚合物的熔体流动速率与分子量有何关系？

实验46 聚合物流动特性的测试

一、实验目的

1. 了解高聚物流体的流动特性;
2. 掌握用毛细管流变仪测定高聚物熔体流动特性的实验方法和数据处理方法。

二、实验原理

高聚物熔体（或浓溶液）的流动特性，与高聚物的结构、相对分子量及相对分子质量分布、分子的支化和交联有密切的关系。了解高聚物熔体的流动特性对于选择加工工艺条件和成型设备等具有指导性意义。

毛细管流变仪是研究聚合物流变性能最常用的仪器之一，具有较宽广的剪切速率范围。毛细管流变仪还具有多种功能，即可以测定聚合物熔体的剪切应力和剪切速率的关系，又可以根据毛细管挤出物的直径和外观及在恒应力下通过改变毛细管的长径比来研究聚合物熔体的弹性和不稳定流动现象。这些研究为选择聚合物及进行配方设计，预测聚合物加工行为，确定聚合物加工的最佳工艺条件（温度、压力和时间等），设计成型加工设备和模具提供基本数据。

毛细管流变仪测试聚合物流变性能的基本原理是：设在一个无限长的毛细管中，聚合物熔体在管中的流动为一种不可压缩的黏性流体的稳定流动，毛细管两端的压差为 Δp。流体具有黏性，受到来自管壁与流动方向相反的作用力，通过黏滞阻力与推动力相平衡，可推导得到管壁处的剪切应力（τ_w）和剪切速率（γ_w）与压力、熔体流动速率的关系：

$$\tau_w = R\Delta p/(2L) \tag{1}$$

$$\gamma_w = 4Q/(\pi R^3) \tag{2}$$

$$\eta_a = \tau_w/\gamma_w = \pi R^4 \Delta p/(8QL) \tag{3}$$

式中，R 为毛细管的半径，cm；L 为毛细管的长度，cm；Δp 为毛细管两端的压力差，Pa；Q 为熔体体积流动速率，cm³/s；η_a 为熔体表观黏度。

在温度和毛细管长径比 L/D 一定的条件下，测定不同压力 Δp 下聚合物通过毛细管的流动速率 Q，由式(1) 和式(2) 计算出相应的剪切应力 τ_w 和剪切速率 γ_w，将对应的 τ_w 和 γ_w 在双对数坐标上绘制 τ_w-γ_w 流动曲线图，即可求得非牛顿指数 n 和熔体表观黏度 η_a。改变温度和毛细管长径比，可得到代表黏度对温度依赖性的黏流活化能 E_η 以及离模膨胀比 B 等表征流变特性的物理参数。

大多数聚合物熔体是属非牛顿流体，在管中流动时具有弹性效应、壁面滑移等特性，且毛细管的长度也是有限的，因此按以上推导测得的结果与毛细管的真实剪切应力和剪切速率有一定的偏差，必要时应进行非牛顿改正和入口改正。

三、主要试剂与仪器

MLW-400 型计算机控制流变仪，高密度聚乙烯（PE）。

四、实验步骤

1. 速度控制系统操作说明（请根据工作条件设定）

（1）当对速度进行手动控制时，按一下速度手控盒上的"F"功能键，液晶显示屏上末位数字闪烁，此时可对该位进行数值设定；每按一下"<"键，闪烁位向前移动一位，并对该位进行数值设定。之后，按一下"F"键对所做设置进行确认，速度设置完毕。

（2）使用计算机控制速度进行试验时，手动设置无效。速度完全通过计算机通信设备进行控制。

（3）在速度控制盒下方的功能键为速度微调控制键。按住此键时横梁将以 5mm/min 的速度移动。当需对横梁位置进行细调时使用此键。

（4）当有意外发生时，可按下急停开关，停止电动机转动。

2. 计算机系统控制软件的使用方法

打开计算机电源（POWER）开关，进入 Windows XP 界面，双击桌面上的流变仪图标（图1），进入流变控制软件主界面（图2）。

试验条件设置：点击"试验条件设置"图标，出现（图3）所示对话框。

设定完毕后，单击"进入试验"结束设置，进入试验。

图1　流变仪图标

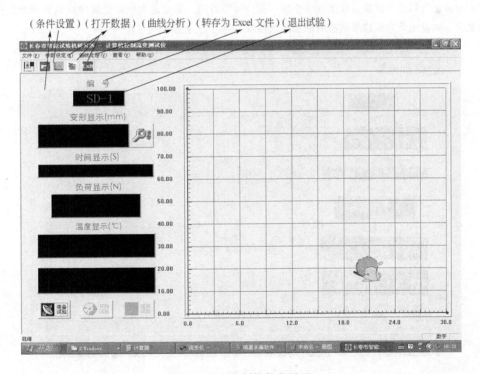

图2　流变控制软件主界面

139

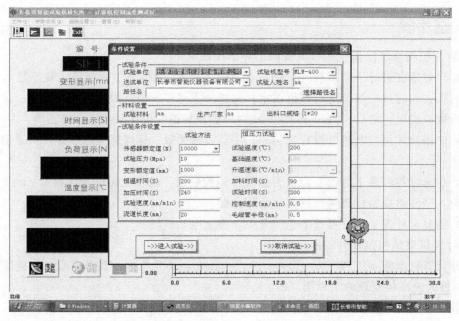

图 3　点击"试验条件设置"图标后出现的对话框

注：以上所设的条件对话框设定完后，可以保存成文件，以备下次做试验时调用。

试验阶段如图 4。

屏幕左边显示：样品编号、变形显示、时间显示、负荷示值、温度显示、试验提示框；屏幕右边显示试验流出过程曲线：纵坐标显示变形（mm）或负荷（N）、温度（℃）。横坐标显示时间（min）或变形（mm）。这根据设定的试验方法。

注：如设定为恒压力试验时纵坐标为变形，横坐标为时间。如设定为恒速度试验时纵坐标为负荷，横坐标为变形。如设定为升温速率试验时纵坐标为温度、横坐标为变形。

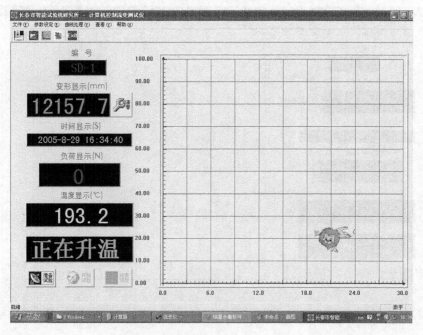

图 4　试验阶段

单击"准备试验"按钮，进入力值调零与升温。力值自动调为零点，当温度升到设定值"开始试验"按钮被激活。单击"开始试验"按钮试验开始，按试验提示框提示进行试验。试验结束后弹出下面对话框；否则，试验停止时，按"试验结束"按钮弹出（图5）所示对话框，询问对当前的试样是否满意，如果满意按"是（Y）"保存，不满意按"否（N）"，之后会弹出（图6）所示对话框，询问是否继续试验，继续则按"是（Y）"，将进行下一个试样的试验，否则按"否（N）"将结束试验，自动保存试验结果。一组试验最多可做10个试样。

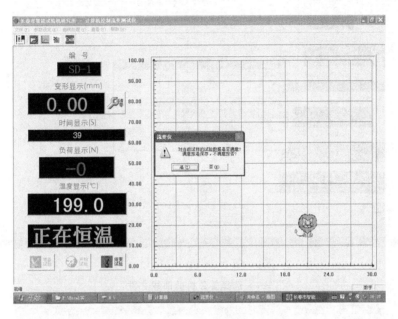

图5 按"试验结束"后弹出的对话框

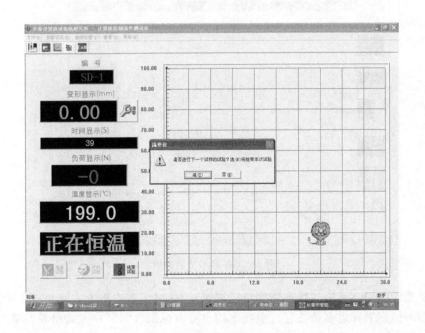

图6 是否继续试验的对话框

曲线分析如下。

在工具栏上单击"打开"图标，选择要分析的曲线文件（图7），确定后单击"曲线分析"图标，屏幕显示试验曲线，如图8所示，进入分析过程。

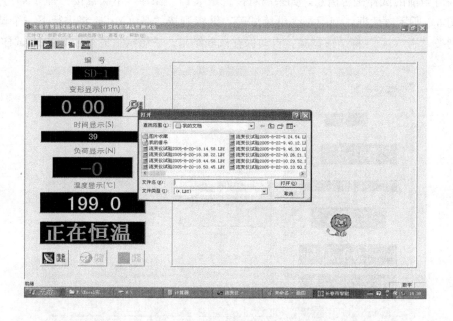

图7　选择要分析的曲线文件

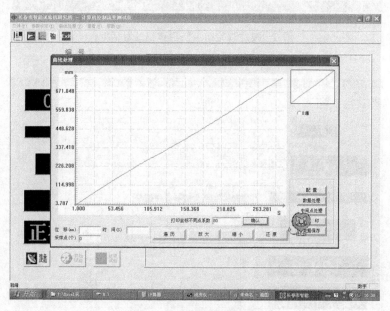

图8　屏幕显示试验曲线

选择要处理曲线（单击曲线或右侧单选按钮），在对话框内单击右键，出现对话框。

单击是否标识采样点多选按钮，曲线上的点将以标识（"×"）方式出现。单击是否可见多选按钮，可隐藏选定曲线。点击"配置"，弹出曲线分析设置对话框（图9），在颜色管理选项中可看到曲线颜色、选中颜色等颜色情况。在曲线缩放选项中可改变曲线缩放方式。在曲线缩放时，可对单点分析。

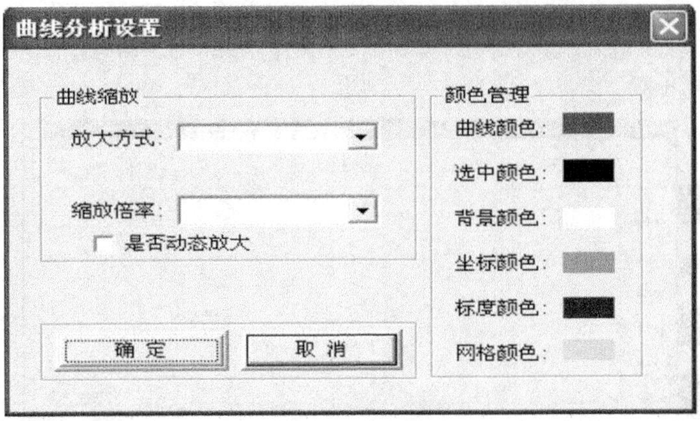

图 9　曲线分析设置对话框

　　点击"遍历"按钮，在曲线分析对话框中移动鼠标，出现遍历曲线，在遍历过程中，在曲线分析对话框左下角显示试样在该点的形变、伸长率、采样点、时间等数据。

　　单击"放大"按钮，在曲线区域内可拖或单击放大，在曲线"放大"时，单击"缩小"按钮可使曲线缩小到原始曲线，单击"还原"按钮可使曲线回到原始曲线。

　　单击"数据处理"按钮，在对话框（图 10）中可看到试验数据（这些数据为计算机自动处理）。曲线处理结果如图 11 所示。

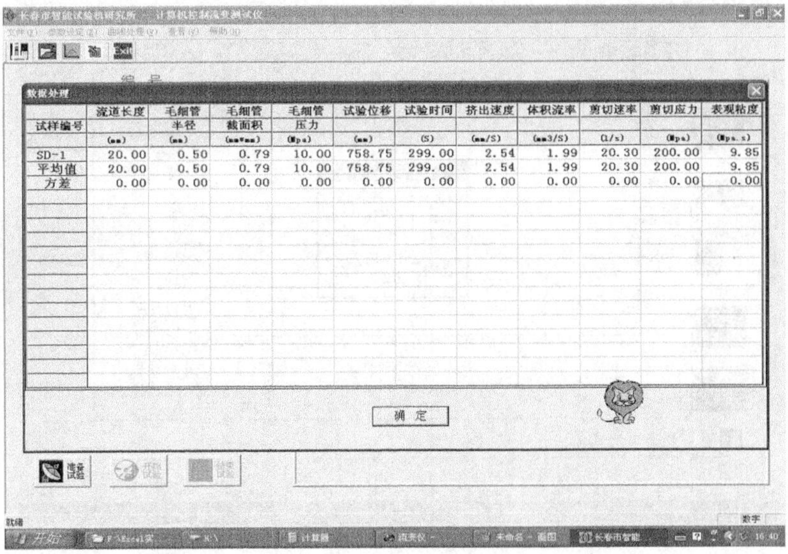

试样编号	流道长度	毛细管半径	毛细管截面积	毛细管压力	试验位移	试验时间	挤出速度	体积流率	剪切速率	剪切应力	表观粘度
	(mm)	(mm)	(mm*mm)	(Mpa)	(mm)	(S)	(mm/S)	(mm3/S)	(1/s)	(Kpa)	(Kpa.s)
SD-1	20.00	0.50	0.79	10.00	758.75	299.00	2.54	1.99	20.30	200.00	9.85
平均值	20.00	0.50	0.79	10.00	758.75	299.00	2.54	1.99	20.30	200.00	9.85
方差	0.00	0.00	0.00	0.00	0.00	0.00	0.00	0.00	0.00	0.00	0.00

图 10　单击"数据处理"后的对话框

　　在遍历过程中选定合适的点后，单击鼠标右键出现"中间点处理"对话框（图 12），此时对话框中的数据为所选数据，单击"中间点"按钮选中该点（中间点可选三点），单击关闭对话框，结束中间点选取。单击曲线分析对话框中间点处理按钮，显示所选的中间点数据（图 13）。

143

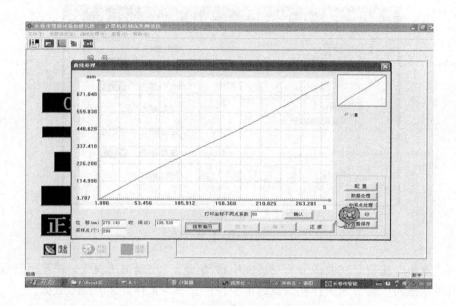

图 11   曲线处理结果

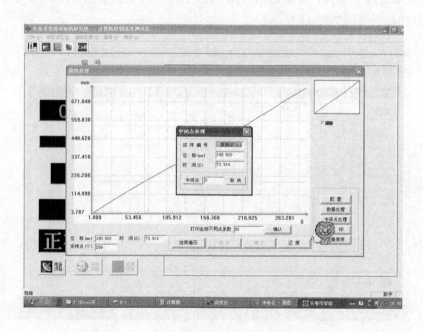

图 12   "中间点处理"对话框

144

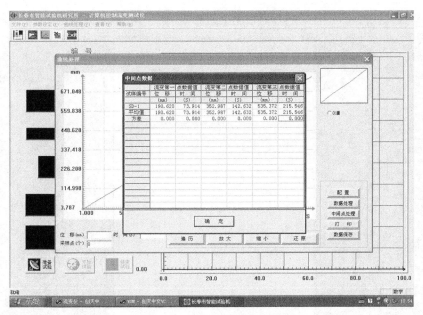

图 13 显示所选的中间点数据

单击曲线分析对话框"打印"按钮,出现"打印方式选择"对话框(图 14),选中单选按钮可对曲线数据或中间点数据打印。

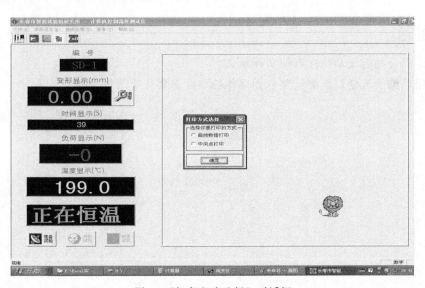

图 14 "打印方式选择"对话框

单击曲线分析对话框中的"数据保存"按钮。即保存全部试验数据。试验人员查看有关数据处理结果和曲线,可直接打开存贮的文件进行曲线分析。

关闭曲线分析对话框后单击主界面"转存为 Excel 文件"按钮,可将数据转存为 Excel文件。

保存在在 F 盘的 Excel 实验数据文件夹中的流变文件夹下。共有两个文件。一是流变数据曲线,包括整个试验过程中的变形、负荷、时间、温度所有点的数据。另一是流变黏度曲线,包括整个试验过程中的黏度与剪切速率所有点的数据(图 15)。

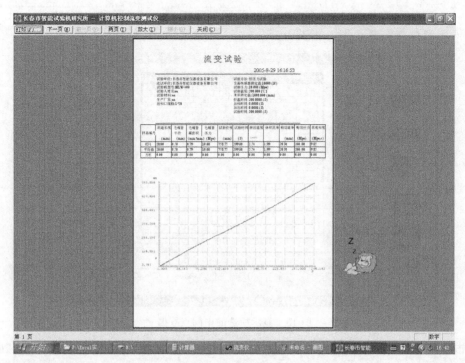

图15　生成的文件

五、思考题

1. 测定聚合物的流动特性有何实际意义？
2. 采用毛细管流变口模测量聚合物熔体的黏度需要几个测量参数？

实验47 脲醛树脂及其层压板的制备

一、实验目的

1. 了解脲醛树脂的合成方法，加深对缩聚反应机理的理解；
2. 掌握一般层压板的制备方法。

二、实验原理

脲醛树脂是由尿素和甲醛经加成、缩合反应制得的热固性树脂。

尿素和甲醛在中性或微碱性条件下发生反应。根据所用物质的量比不同可形成一羟甲基脲或二羟甲基脲，可简单表示为：

$$H_2N-\overset{\overset{O}{\|}}{C}-NH_2 + CH_2 \longrightarrow H_2N-\overset{\overset{O}{\|}}{C}-NH-CH_2OH + HOCH_2-NH-\overset{\overset{O}{\|}}{C}-NH-CH_2OH$$

生成的一羟甲基脲或二羟甲基脲在整个酸性介质中主要发生羟甲基的羟基与氨基上的氢失水缩合成为高分子。

$$-CH_2OH + H_2N- \xrightarrow{\text{酸性}} -CH_2NH- + H_2O$$

而在碱性介质中，主要发生羟甲基之间的缩合：

$$-CH_2OH + HOCH_2- \xrightarrow{\text{碱性}} -CH_2OCH_2- + H_2O$$

因此，脲醛树脂的合成，直接受两种原料的摩尔比、反应体系的 pH、反应温度、时间等因素的影响，所得产物的结构也比较复杂。

三、主要试剂与仪器

试剂：尿素（C. P.），甲醛（36％水溶液）［A. R.（分析纯）］，NaOH(10％)（C. P. 试剂配制），草酸溶液（10％）（C. P. 试剂配制），浓氨水，NH_4Cl(固化剂) 一级，pH 试纸（0～14），玻璃纸。

仪器：液压机（或平板硫化机）1 台，恒温水浴锅 1 个，搅拌器 1 套，三口瓶（250mL)1 只，冷凝管 1 支，温度计（100℃)2 支，电吹风 1 个，表面皿 1 个，剪刀 1 把。

四、实验步骤

1. 脲醛树脂的合成

(1) 称取甲醛水溶液 60g，用 10％的 NaOH 溶液调节甲醛水溶液 pH＝8.5～9。称取尿素 3 份，质量分别为 11.2g、5.6g、5.6g。在三口瓶中先加入 11.2g 尿素和已调好的 60g 甲醛水溶液，搅拌至固体溶解（由于吸热降温，可将水浴锅温度缓慢升至室温，以利溶解），升温至 60℃后加入 5.6g 尿素，继续升温至 80℃，再加入剩下的 5.6g 尿素，在 80℃下反应 30min。

147

（2）用少量 10% 草酸调节反应体系 pH 为 4.8 左右，继续维持温度在 80℃，进行缩合反应。并随时取脲醛胶滴入冷水中，观察其在冷水中的溶解情况。当在冷水中出现乳化现象时，随时注意检查在 40℃ 水中的乳化现象。

（3）当温水中出现乳化后，立即降温终止反应，并用浓氨水调节脲醛的 pH＝7，再用少量 10% NaOH 溶液调节至 pH＝8.5～9。正常情况下应得到澄清透明的脲醛胶。

2. 层压板的制备

在表面皿中称取脲醛液 40g，加入 0.200g NH_4Cl，搅拌均匀，观察 pH 变化。滤纸条分段浸渍胶液，为保证浸渍饱和而均匀，每段需浸渍 1min 左右。滤纸上余量胶液任其自然流下，用电吹风干燥至滤纸条既不沾手又不脆折的程度，剪成 8～10 段，上下垫好玻璃纸，放至液压机上，120℃ 下固化 15min，即可得到半透硬板。

五、数据处理

实验报告应包括下列内容：

1. 原材料牌号、生产厂家和日期；
2. 实验设备型号、生产厂家和主要性能参数；
3. 实验工艺参数记录表；
4. 实验操作步骤及工艺调节；
5. 实验现象记录及原因分析；

项目	时间	温度	加入物质	现象
树脂合成				
层压板的制备				

6. 对实验的改进意见；
7. 解答思考题。

六、思考题

1. 试说明 NH_4Cl 能使脲醛树脂固化的原因。你认为还可以加哪些固化剂？
2. 试写出脲醛树脂固化的反应简式。

实验48 塑料的注射成型

一、实验目的与要求

1. 掌握注射成型原理；
2. 掌握热塑性塑料注射成型的实验技能及标准试样的制作方法；
3. 掌握注射成型工艺条件对注射制品质量的影响。

二、实验原理

注射成型是高分子材料成型加工中一种重要的方法，许多塑料都可用此方法成型，尤其是热塑性塑料。注射成型是指将塑料从注射机的料斗加入料筒，经加热融化呈流动状态后，由螺杆或柱塞推挤而通过料筒前端喷嘴注入闭合的模具型腔中，充满模具的熔料在受压情况下，经冷却固化后即可保持模具行腔所赋予的形状，打开模具即得制品。这种方法具有成型周期短，生产效率高，制品精度好，成型适应性强，易实现生产自动化等特点，因此应用十分广泛。注射机的类型很多，主要有注塞式和移动螺杆式两种。不同注射机工作时完成的动作程序可能不完全相同，但成型的基本过程及过程原理是相同的。如用螺杆式注射机制备热塑性塑料制品的基本程序如下。

1. 合模与锁紧

注射成型的周期一般以合模为起始点。动模以低压快速进行闭合，与定模将要接触时，合模动力系统自动切换成低压低速，再切换成高压将模具锁紧。

2. 注射充模

模具锁紧后，注射装置前移，使喷嘴与模具贴合。液压油进入注射油缸，推动与油缸活塞杆相连的螺杆，将螺杆头部均匀塑化的物料以规定的压力和速度注入模具行腔，直至熔料充满全部模腔，从而实现了充模程序。熔料能否充满模腔，取决于注射时的速度、压力以及熔体温度、模具温度。在其他工艺条件稳定的情况下，熔体充填时的流动状态受注射速度制约。速度慢，冲模的时间长，剪切作用使熔体分子取向程度增大；反之，则冲模时间短，熔料温度差较小，密度均匀，熔接强度较高，制品外观及尺寸稳定性良好。但是，注射速度不能过快，否则熔体高速流经截面变化的复杂流道并伴随热交换行为，制品可能发生不规则流动。

3. 保压

熔料注入模腔后，由于冷却作用，物料产生收缩出现空隙，为保证制品的致密性，尺寸精度和强度，须对模具保持一定的压力进行补缩，增密。这时螺杆作用面的压力为保压压力（Pa），保压时螺杆位置将会少量向前移动。保压压力可以等于或低于注射压力，其大小以能进行压实，补缩，增密作用为量度。保压时间以压力保持到浇口刚好封闭时为好。保压时间不足，模腔内的物料会倒流，使制品缺料；保压时间过长，充模量过多，将使制品浇口附近的内应力增大，制品易开裂。

4. 制品冷却和预塑化

完成保压程序，卸去保压压力，物料在模腔内冷却定型所需要的时间为冷却时间，冷却时间的长短与塑料的结晶性能、状态转变温度、热导率、比热容、刚性以及制品厚度、模具冷却率等有关。冷却时间应以塑料在开模顶出时具有足够的刚度，不致引起制品变形为宜。在保证制品质量的前提下，未获得良好的设备效率和劳动生产率，要尽量减少冷却时间及其他各程序的时间，以求缩短完成一次成型所需的全部操作时间——成型周期。除冷却时间外，模具温度也是冷却过程控制的一个主要因素。模温高低与塑料结晶性能、状态转变温度、热性能、制品形状及使用要求、其他工艺条件关系密切。

在冷却的同时，螺杆传动装置开始工作，带动螺杆转动，使料斗内的塑料经螺杆向前输送，并在料筒的外加热和螺杆剪切作用下使其熔融塑化。物料由螺杆运到料筒前端，并产生一定压力。在此压力下螺杆在旋转的同时向后移动，当后移一定距离，料筒前端的熔体达到下次注射量时，螺杆停止转动和后移，准备下一次注射。

5. 注射装置后退和开模顶出制品

注射装置后退的目的是为了防止喷嘴和模具长时间接触散热形成冷料，而影响下次注射。可将注射装置后退，让喷嘴脱开模具。模腔内制品冷却定型后，合模装置即开启模具，顶出机构顶落制品，准备再次闭模，进入下次成型周期。

三、主要试剂与仪器

1. 试剂

聚丙烯（PP）、高密度聚乙烯（HDPE）、颗粒状塑料等。

2. 仪器

SA1600塑料注射成型机，主要性能参数见表1所列。

表1 主要性能参数

项 目		单 位	数 值
螺杆直径		mm	45
注射容量（理论）		cm³	320
注射重量（PS）		g	291
注射压力		MPa	169
注射行程		mm	201
螺杆转速		r/min	0～175
料筒加热功率		kW	9.75
锁模力		kN	1600
拉杆内间距（水平×垂直）		mm	470×470
允许模具厚度（最大）		mm	520
允许模具厚度（最小）		mm	180
移模行程		mm	430
模板开距（最大）		mm	950
液压顶出行程		mm	140
液压顶出力		kN	33
液压顶出杆数量		PC	5
油泵电机功率		kW	15
油箱容积		L	310
机器尺寸（长×宽×高）		m	5.15×1.35×1.99
机器重量		t	5.3
最小模具尺寸（长×宽）		mm	330×330
模具平行度 模具厚度	≥180～250mm	μm	60
	>250～400mm	μm	80
	>400～500mm	μm	100

四、实验步骤

1. 准备工作

（1）做好注射机的检查维护工作，做好开机准备。

（2）了解原料的成型工艺特点及制品的质量要求，参考有关产品的工艺条件介绍，初步拟定实验条件。如原料的干燥条件、料筒温度和喷嘴温度、螺杆转速、背压及加料量、注射速度、注射压力、保压压力和保压时间、模具温度和冷却时间、制品的后处理条件。

（3）用手动/低压开、合模操作，安装好试样模具。

2. 制备试样

（1）机器操作画面

注：上方的模具名称，机器状态动作，开模总数全程计时及下方的提示说明日期、时间画面键提示框内在任何一画面中都会显示。

（2）手动操作方式

① 在注射机显示屏温度值达到实验条件时，再恒温 30min，加入塑料并进行预塑程序，用慢速进行对空注射。观察从喷嘴流出的料条，如料条光滑明亮，无变色、银丝、气泡，说明原料质量及预塑程序的条件基本适用，可以制备试样。

② 依次进行下列手动操作程序：闭模、预塑、注射座前移、注射（冲模）、保压、冷却定型、注射座后退、关安全门、顶出、开模、预塑/冷却、取件、开安全门。

记录注射压力（表值）、螺杆前进的距离和时间、保压压力（表值）、背压（表值）及驱动螺杆的液压力（表值）等数值。记录料筒温度、喷嘴温度、注射-保压时间、冷却时间和成型周期。从取得的原料制品观察熔体某一瞬间在矩形、圆形流道内的流速分布。通过制得试样的外观质量判断实验条件是否恰当，对不当的实验条件进行调整。

③ 半自动操作方式　在确定的实验条件下，连续稳定地制取 5 模以上作为第一组试样。然后依次变化下列工艺条件：如注射速度、注射压力、保压时间、冷却时间和料筒温度。注意：实验时，每一次调节料筒温度后应有适当的恒温时间。

五、数据处理

1. 记录注射剂与模具的技术参数。

2. 列出各组试样注射工艺条件，分析试样外观质量与成型工艺条件的关系。

3. 取得的各组试样留作后续力学性能、热学性能等的测试。

4. 测量注射模腔的单向长度（L_1），以及注射样品在室温下放置 24h 后的单向长度（L_2），按照下列公式计算成型收缩率：收缩率＝$(L_1-L_2)/L_1$。

六、思考题

试从材料的化学组成和物理结构来分析材料成型工艺性能的特点。

综合性创新性实验部分

一、实验目的

1. 掌握由 4,4′-二氟二苯砜和 4,4′-二羟基查尔酮缩聚制备线性聚芳醚砜微型试验方法;
2. 了解线型缩聚反应的原理。

二、实验原理

聚芳醚砜 (PSF) 是一种热塑型耐高温工程塑料,其耐热性、力学性能、电性能优良、具有良好的尺寸稳定性、阻燃性和易加工成型性能等性能,广泛地应用于电气、机械、电子、医疗以及航天航空领域。PSF 一般是由双酚单体和 4,4′-二卤代二苯砜通过线性缩聚制备得到。此缩聚反应一般是在非质子型极性有机溶剂、带水剂和碱性无机物的存在下实施的,反应过程和一般的线型缩聚反应过程相似,即双官能团酚羟基和卤原子间相互反应,同时析出副产物水,利用带水剂与水形成共沸物的特点在较低温度下除去水,以促进反应向正向进行,而后升高温度继续反应一定时间便可得到较高分子量的 PSF。PSF 的相对分子质量受原料配比、固含量、反应温度、催化剂、反应程度、反应时间以及副产物水的除去程度影响较大。

本实验选用光敏双酚单体 4,4′-二羟基查尔酮和 4,4′-二氟二苯砜为原料,经线型缩聚得到光敏性聚芳醚砜。其反应式如下:

DMAc 为 N,N-二甲基乙酰胺

反应生成的水在较低温度下用减压法抽走,待水除净,升温继续反应至黏度很大便可得到较高分子量的光敏聚芳醚砜 (PSPSF)。此 PSPSF 的光敏性是指聚合物主链上查尔酮单元中的 —C≡C— 双键在 UV 光照射可发生 [2+2] 环合加成反应,使聚合物分子链间形成交联结构。交联结构的形成使聚合物的光学性能、溶解性、透光性、厚度、介电常数以及折射率等发生变化,利用这些性能的变化可拓宽 PSF 的应用领域,如溶解性的突变可使其有望在负型光刻胶领域得到应用。

三、主要试剂与仪器

试剂:4,4′-二氟二苯砜、4,4′-二羟基查尔酮、N,N′-二甲基乙酰胺 (DMAC)(使用前提纯)、无水 K_2CO_3、甲苯 (使用前依次经浓硫酸、水洗涤,干燥、常压蒸馏提纯)。

仪器:循环水式真空泵、油浴、聚合物的光敏性用美国 Newport 公司 Model 9119X 型紫外曝光仪和 SHIMADZU UV-2450 型紫外-可见光谱测试仪测定。

四、实验步骤

1. PSPSF 的合成：在装有氮气导气管和搅拌器的两颈烧瓶中，依次加入 4,4′-二氟二苯砜 1.2713g(5mmol)、4,4′-二羟基查尔酮 1.2013g(5mmol)、N,N'-二甲基乙酰胺（DMAC）10.52mL(按固含量 25% 计算得出)，甲苯 5mL(除水)，室温搅拌，待全部溶解后，加入无水 K_2CO_3 1.3821g(原料的总摩尔量)；用循环水式真空泵减压除水 1.5h，油浴温度为 65℃；然后将反应器移至通风橱内，上置回流冷凝管，干燥管（内装无水 $CaCl_2$），并通氮气，在 130～140℃的油浴中反应直到黏度非常大；冷却至室温，在含有少量醋酸的去离子水中沉淀，得到黄色聚合物。经甲醇、蒸馏水洗涤多次后抽滤，60℃下真空干燥 24h。

2. PSPSF 光敏性测试：将 PSPSF 配成 0.1%（质量分数）的 DMAc 溶液，均匀涂在石英比色皿上，在 80℃烘箱里烘 1h 蒸除溶剂，再在 60℃真空干燥箱中干燥 24h，成膜（5～7μm）后利用紫外-可见光谱测试仪测量聚合物膜在常温下经紫外（UV）曝光仪照射不同时间后的紫外-可见光谱。UV 光照射引起的光敏聚芳醚砜分子之间—C =C—双键发生 [2+2] 环合加成的光反应性由式(1) 计算：

$$光反应程度(\%) = \frac{A_0 - A_T}{A_0} \times 100 \qquad (1)$$

式中，A_0 和 A_T 分别为在 λ_{max} 处照射时间为零和时间为 T 的吸光程度。

五、思考题

1. 线性缩聚反应的特点是什么？
2. 光敏聚芳醚砜的合成过程中为什么要先经除水过程，其分子量受什么因素的影响？
3. 光敏聚芳醚砜的光敏性从何体现？

实验50 壳聚糖/铝氧化物复合材料的制备、表征及对金属离子的吸附

一、实验目的

1. 掌握高分子/无机氧化物复合材料的制备方法；
2. 熟悉高分子复合材料的各种表征方法，如 IR、SEM、TG 等。

二、实验原理

重金属具有毒性大、生物富集性强、不可自然降解及来源复杂等特点，对生态环境造成了严重的危害，因此含重金属废水的治理已越来越受到人们的关注。去除工业废水中重金属离子的方法主要有化学沉淀法、微电解-混凝沉淀法、吸附法等方法，其中尤以吸附法较为引人注意，吸附剂的基质材料可以是无机物（如氧化铝、氧化硅、活性炭等），也可以是高聚物（如聚丙烯酰胺、聚羟乙基甲基丙烯酸酯、壳聚糖等）。

壳聚糖是自然界中储量仅次于纤维素的天然高分子材料甲壳素脱乙酰化反应后得到的产物，分子链上存在大量的羟基和氨基，因此可作为良好的吸附剂用于废水中重金属离子的吸附。但是天然壳聚糖作吸附剂有一定的局限性，主要是壳聚糖在酸性溶液中会部分溶解造成吸附剂的损失；并且由于壳聚糖分子链间和分子链内部氢键的存在而限制了吸附能力；壳聚糖的机械强度、热稳定性和化学稳定性也都待进一步提高。Al_2O_3 等无机化合物表面含有丰富的羟基，也可作为吸附剂用于废水中重金属离子的处理，但它们在水溶液中容易失活、不易沉降、吸附能力有限并且难以回收和再利用，因此其应用受到了限制。

有机高分子化合物/无机物复合材料兼具高分子化合物和无机物的优点。本实验利用铝化合物具有路易斯酸、壳聚糖上的羟基和氨基具有路易斯碱的性质，以壳聚糖和异丙醇铝为原料，采用化学键合方法在壳聚糖分子链单元引入金属氧化物，制备了壳聚糖-铝氧化物复合材料，通过 FTIR、SEM 和 TG 对其表面复合情况和热稳定性进行了表征，发现这种复合材料对 Cu^{2+}、Hg^{2+} 等金属离子具有较好的吸附性能，与壳聚糖和氧化铝相比，吸附性能得到了较大改善，稳定性得到了提高。

三、主要试剂与仪器

试剂：壳聚糖（脱乙酰度 90%）；异丙醇铝（化学纯）；乙二胺四乙酸二钠（EDTA），六亚甲基四胺，乙酸铵，无水乙酸钠，冰乙酸，盐酸，硝酸，甲苯，无水乙醇，均为分析纯试剂。

仪器：DF-101S 集热式恒温加热磁力搅拌器（巩义市英峪予华仪器厂）；DHG-9053A型电热恒温鼓风干燥箱（上海一恒科学仪器有限公司）；ZK-82J 型电热真空干燥箱（上海实验仪器厂有限公司）；电子天平（北京赛多利斯仪器系统有限公司）；SHZ-D(Ⅲ) 型循环水式真空泵（巩义市英峪予华仪器厂）。

四、实验步骤

1. 壳聚糖-铝氧化物复合材料的制备

在装有回流冷凝管的氮气保护的 250mL 三口瓶中依次加入 100mL 干燥甲苯和 3g 异丙醇铝，50℃下磁力搅拌 30min 后，再加入 10g 壳聚糖，升温至 120℃，回流 5h。停止反应，过滤后依次用无水甲苯、无水乙醇、蒸馏水分别洗涤产物三次。最后将产品放入 80℃烘箱中烘干，得壳聚糖-铝氧化物复合材料。用煅烧法测量复合材料中铝氧化物的质量分数。

2. 壳聚糖-铝氧化物复合材料的表征

壳聚糖及复合材料的红外光谱采用美国 Nicolet 公司的 Nexus 470 红外光谱仪表征（KBr 压片）；形貌利用 J EOL26700F(FE-SEM) 型场发射扫描电镜直接观察；热稳定性采用德国 NETZSCH TGA209 型热失重分析仪在 N_2 保护下进行测试，升温速率 10℃/min。

3. 吸附实验

取一定量的 $Cu(NO_3)_2$ 或 $Hg(NO_3)_2$ 放入烧杯中溶解后，再转入 100mL 容量瓶中，用水稀释至刻度，摇匀，配成浓度为 0.01mol/L 的溶液。

准确称取 20mg 复合材料置于试管中，加入 10mL 离子溶液，于室温下恒温振荡 2h，离心后，取 2mL 上层清液，用 EDTA 标准溶液滴定剩余离子浓度，缓冲溶液为 20％的六亚甲基四胺；Hg^{2+} 和 Cu^{2+} 滴定方法如下。

Hg^{2+} 的滴定：取 2mL Hg^{2+} 溶液于锥形瓶中，滴加 2 滴 1∶3 的 HNO_3 溶液，再加入 5mL 六亚甲基四胺溶液（pH＝5～5.5），再滴加 2 滴二甲基酚橙指示剂，此时溶液为紫红色，用 EDTA 标液滴定到溶液由紫红色变为亮黄色即可。

Cu^{2+} 的滴定：取 2mL Cu^{2+} 溶液于锥形瓶中，加入 2mL 乙醇溶液，再滴加 2 滴 1∶3 的 HNO_3 溶液，再滴加 2 滴 PAN 指示剂，此时溶液为紫红色，用 EDTA 标液滴定到溶液由紫红色变为亮黄色即可。

计算壳聚糖-铝氧化物复合材料吸附金属离子的吸附率和吸附容量。在同样条件下以壳聚糖为吸附剂吸附金属离子并计算其吸附率和吸附容量。

五、数据处理

吸附率 A 及吸附容量 Q 的计算如下：

$$A=(c_0-c)/c_0 \times 100\%$$

$$Q=(c_0-c)VM/m$$

式中，A 表示吸附率，％；Q 表示吸附量，mg/g。c_0 为吸附前离子溶液浓度，mol/L；c 为吸附后离子溶液浓度，mol/L；m 为复合材料质量，g；M 为金属离子的原子量；V 为吸附离子溶液的体积，mL。

六、思考题

1. 对壳聚糖及复合材料的 FTIR、SEM 和 TG 表征结果进行分析，并给出合理解释。
2. 与壳聚糖相比，为什么壳聚糖-铝氧化物复合材料的吸附性能得到明显改善？

158

实验51 功能性超支化聚合物增韧改性环氧树脂

一、实验目的

1. 掌握由 AB_2 单体二羟甲基丙酸制备端羟基超支化聚合物的方法；
2. 掌握测试环氧树脂复合材料的力学性能测试办法；
3. 了解环氧树脂的增韧机理。

二、实验原理

　　环氧树脂是一种粘接性强、收缩率小、耐腐蚀性好、工艺性能良好的热固性树脂。但环氧树脂固化后耐候性差、质脆、耐冲击性能差、容易开裂，这使其应用领域受到限制，环氧树脂的增韧研究是扩大其应用领域的突破口。环氧树脂的主要增韧途径包括增塑剂增韧、低分子量增韧剂增韧、热塑性树脂增韧、核壳结构聚合物增韧、互穿网络（IPN）增韧、热致型液晶聚合物（TLCP）增韧和橡胶类弹性体增韧、纳米粒子增韧等，这些增韧手段都能使韧性大大提高，但是拉伸强度和弯曲强度有较大幅度的下降。利用功能型超支化聚合物增韧环氧树脂是环氧树脂增韧领域的一种新方法，产品增韧的同时强度几乎不下降。

　　本实验将以二羟甲基丙酸为 AB_2 单体、以羟基化合物（乙二醇、丙二醇等）为核，按照核与 AB_2 单体的配比控制超支化聚合物的分子量，获得超支化聚合物。然后再以获得的超支化聚合物、双酚A型环氧树脂、酸酐固化剂进行混合均匀，浇注成型，获得环氧树脂的复合材料，然后测试不同超支化聚合物含量的复合材料的机械性能，考察超支化聚合物含量对各种机械性能的影响及其规律性。

三、主要试剂与仪器

　　试剂：二羟甲基丙酸、一缩二乙二醇（DEG）、乙二醇、甲基四氢苯酐、乙酰丙酮钴、苯乙烯、双酚A型环氧树脂（E51或128）、对甲苯磺酸、铝箔纸。

　　仪器：搅拌器、万能电子拉伸实验机，冲击试验机。

四、实验步骤

　　将设计好分子量配比的二羟甲基丙酸和二元醇加到带搅拌器、温度计、分水器的三口烧瓶中，缓慢升温至 $160\sim180℃$，然后加入二羟甲基丙酸质量1%的对甲苯磺酸，在 $180\sim200℃$ 之间搅拌反应，观察分水器中水的含量的变化，分水器中水的质量接近理论分水量时，测试三口烧瓶中树脂的酸值。酸值小于 $10mg\ KOH/g$ 时，将树脂倒入不锈钢盘中，冷却粉碎，即可得到端羟基超支化聚酯树脂。

　　按照超支化聚合物与双酚A型环氧树脂的配比分别在 0：100、3：100、6：100、9：100、12：100、15：100、20：100 混合均匀后，分别加入计算量的甲基四氢苯酐，再加入促进剂（乙酰丙酮钴与苯乙烯的质量比1：9混合)0.2g，搅拌混合均匀，放置于真空玻璃瓶中抽真空脱除气泡，然后将已经脱泡的树脂混合物浇注于由铝箔纸制备的标准样条（每种样条不少于 10 个）模具中，放入烘箱中固化，分别在 120℃固化 2h、140℃固化 2h、180℃固化 4h，取出样品冷却后脱模，室温放置 12h 以上测试其各种力学性能，包括拉伸强度、弯曲强度、冲击强度、断裂韧性。

固化试样测试参照 ASTM D638—91a 标准，用万能电子拉伸实验机测拉伸强度；固化试样的弯曲强度按 ASTM D5045—91a 标准在万能电子拉伸实验机进行测试；材 ASTM 韧性参照 ASTM D6110—96a 标准用万能电子拉伸实验机测试。

五、数据处理

拉伸强度、弯曲强度、冲击强度、断裂韧性的数据处理均根据相应的标准（国家标准或 ASTM 标准）进行，求 5 个以上的有效数据的平均值，即可得到其数据。

六、思考题

1. 环氧树脂与甲基四氢苯酐的固化机理是什么？
2. 为什么超支化聚合物可以增韧环氧树脂？
3. 环氧树脂的增韧机理有哪些？

实验52 乳液聚合法制备SiO₂/PMMA纳米复合微球

一、实验目的

1. 掌握常规乳液聚合方法制备有机/无机复合微球的基本原理；
2. 掌握表征有机/无机复合微球的基本手段。

二、实验原理

有机/无机复合纳米微球将两种不同性质纳米粒子结合在一起，兼具了两者的优点从而引起了极大的研究兴趣。采用原位乳液聚合的方法，即在无极纳米粒子、有机聚合物单体同时存在下引发聚合，得到的纳米复合微球具有形态均一且可控的特征。本实验采用常规乳液聚合的方法，制备 SiO_2/聚甲基丙烯酸甲酯纳米复合微球。

要将无机纳米粒子和有机聚合物粒子成功地结合在一起形成复合微球，必须具备一个前提条件，即两者之间具有一种相互作用，否则仅仅靠机械共混的方法不能制备形态均一、结构稳定的复合粒子。在本实验中，首先采用经典的 Stober 方法制备粒径均一且可控的二氧化硅纳米粒子。由于在二氧化硅粒子表面存在大量的 Si-OH 硅醇基，其可以部分电离而使粒子带上负电荷，同时也可以显示一定的酸性。利用这两个特点，选用一种合适的单体，该单体既能与二氧化硅作用，同时含有一些可聚合基团，能与其他单体共聚，只需要很少的用量即可。从而起到桥梁的作用，成功地将有机聚合物粒子和无机纳米粒子结合起来。该种单体一般被称为功能单体或者辅助单体。

如上所述，可以利用二氧化硅具有弱酸性的特点，选择一种碱性功能性单体可以将二氧化硅与聚合物粒子结合起来；利用二氧化硅微球的等电点（IEP）为 2 左右，在 pH 值高于IEP 时，二氧化硅粒子表面会带有负电荷，可以选用一种可聚合的带有正电荷的功能性单体。本实验中，我们选用 4-乙烯基吡啶（4-VP）作为功能单体，该化合物具有可聚合的双键，同时显示碱性，既可以与二氧化硅通过酸碱作用而结合，同时能够与甲基丙烯酸甲酯共聚。于是可以控制适当的条件，制备得到 SiO_2/聚甲基丙烯酸甲酯纳米复合微球。制备该种微球的路线示意如图 1。

三、主要试剂与仪器

试剂：甲基丙烯酸甲酯（MMA）用 5％氢氧化钠水溶液洗涤 2 次，除去阻聚剂待用，正硅酸乙酯（TEOS），氨水，过硫酸铵（APS），无水乙醇，4-乙烯基吡啶（4-VP），乳化剂辛基酚聚氧乙烯醚（40 个乙氧基）。

仪器：电热套、带搅棒的 250mL 四颈烧瓶、冷凝管、N_2 接入装置、滴液漏斗各一个。

四、实验步骤

1. 二氧化硅纳米粒子的制备

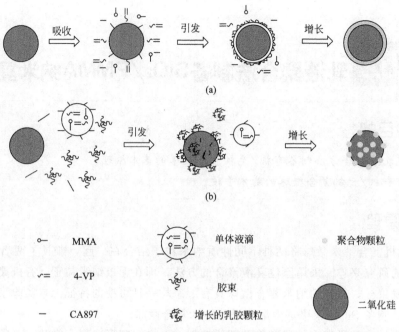

图 1　制备该种微球的路线示意

MMA 单体液滴 聚合物颗粒

4-VP 胶束

CA897 增长的乳胶颗粒 二氧化硅

向 250mL 烧瓶中加入 85g H_2O 与 15g NH_3H_2O 的混合溶液,滴液漏斗中加入 10.4g TEOS 溶于 20g 乙醇制备的溶液,常温下于 1h 内滴加到烧瓶中,并搅拌。反应 24h。

将上述犯法制得的白色溶胶于 6000r/min 速度下离心 15min,除去乙醇及氨水,重新分散在去离子水中。如此离心-洗涤-分散 3 次,得到纯净的二氧化硅水溶胶备用。

2. 草莓型 SiO_2/PMMA 纳米复合微球的制备

取上述方法制得的二氧化硅水溶胶(测定了二氧化硅的固含量)10g,加水 80g,辛基酚聚氧乙烯醚 0.2g,甲基丙烯酸甲酯 10g 超声混合均匀后加入到 250mL 四颈烧瓶中。搅拌下通入氮气 30min。然后升温至 65℃,再加入 APS 水溶液(0.1g APS 溶于 10g 水中)。聚合反应进行 12h 后,停止加热,得到的乳液做透射电镜表征。

3. 核壳型 SiO_2/聚甲基丙烯酸甲酯的制备

将上述方法略作改进制备核壳型复合微球在上述制备草莓型 SiO_2/PMMA 纳米复合微球的过程中,单体由一次性加入改为滴加,即让单体处于饥饿状态,则能得到以二氧化硅纳米粒子为核、聚甲基丙烯酸甲酯为壳的复合微球。具体操作为:现在烧瓶中加入二氧化硅溶胶、乳化剂、引发剂并搅拌均匀升温至 65℃,再滴加混合单体(1% 4-VP,99% MMA)。聚合反应进行 12h。

4. 分析表征

将上述制得的二氧化硅粒子,复合微球离心-洗涤-分散后滴加到铜网上,观测不同条件下得到的粒子的形貌。分析形成不同形貌粒子的原因。

五、思考题

1. 利用二氧化硅粒子带负电荷的特征,可以选择怎么的功能单体用来制备复合微球。

2. 若采用热重法分析复合微球,600℃后,仍有残余,即聚合物完全分解后,生于重量不为零,什么原因?

实验53 聚丙烯/超细碳酸钙复合材料的制备与表征

聚丙烯（PP）是世界四大通用塑料之一。由于其具有质轻、价廉、无毒无味、耐腐蚀、耐高温、机械强度高等优点，被广泛用于电器、汽车、包装及日用品等领域，是世界上发展速度最快的通用塑料。但聚丙烯树脂的缺点也较明显，如：低温脆性、成型收缩率大、抗蠕变性差、尺寸稳定性差、容易产生翘曲变形等，这使得聚丙烯在应用范围上受到了很大的限制。因而，国内外许多学者对聚丙烯的改性进行了大量的研究，探索出各种各样的聚丙烯改性方法。归纳起来主要有：化学改性（共聚、嵌段、交联），物理改性（共混、填充）。对于各种改性方法的机理，有些已达成共识，有的还未形成统一的认识，这就十分必要做进一步的探究。

碳酸钙由于其价格低廉，无毒、无味、无刺激性、化学稳定、易干燥、能耗低、色泽白，易着色，填充量大，是塑料和橡胶制品常用的填料。但其表面亲水疏油，在使用过程中易形成聚集体，分散性能及补强效果差，作为填料特别是大量填充时，会降低材料的物理及力学性能，必须对其表进行改性处理。

一、实验目的

本实验以注塑级聚丙烯(PP)为基础料，以硬脂酸(SA)对超细碳酸钙($CaCO_3$)进行表面改性，比较填充改性对 $PP/CaCO_3$ 复合材料的力学性能，热稳定性，阻燃性能等的影响。

二、主要试剂与仪器

试剂：间规立构聚丙烯（PP），超细碳酸钙，硬脂酸（SA）。

仪器：密炼机［S(x)M-0.5L-K］常州苏研科技有限公司，电子万能试验机（WSM-20KN）长春智能仪器设备公司，机械式冲击试验机（JJ-50）长春智能仪器设备公司，熔体流动速率测定仪（SRZ-400C）长春智能仪器设备公司，塑料注塑成型机（SA1600）宁波海天塑机集团有限公司，高速混合机（SHR-10）张家港格瑞科技发展公司，氧指数测定仪（JF-3）南京江宁区分析仪器厂，塑料破碎机（SCP-100）杭州萧山恒力塑料机械厂制造。

三、试样制备

将超细碳酸钙放入干燥箱中于 $100\sim110$℃脱水干燥，再称取一定量加入到 SHR-10 高速混合机中，高速搅拌 5min，然后加入占碳酸钙质量 4.0% 的硬脂酸，继续高速搅拌 15min，停机，出料，得到经硬脂酸改性的超细碳酸钙。

将聚丙烯（PP）与超细碳酸钙以 7∶3 的比例，共约 300g，加入温度控制在（200±5）℃的密炼机里密炼 20min。前 10min 转速控制在约 20r/min，后 10min 转速控制为 80r/min。共混 3~4 批次，得碳酸钙质量分数为 30% 的 PP/碳酸钙复合材料（$PP/CaCO_3$）约 1kg。密炼完毕的物料用 SCP-100 塑料破碎机粉碎造粒。

将表面经硬脂酸改性的超细碳酸钙与 PP 以相同比例，同样步骤制备共混物料

（PP/CaCO₃/Str）约 1kg，粉碎造粒。

以 SA1600 注塑成型机及相应模具分别以上述复合材料及纯 PP 制备进行拉伸、冲击、燃烧性能等测试的标准样条。温度、压力、射速等参考如下设置。

F8 温度：240℃、245℃、250℃、245℃、230℃。

F3 射出	一段	二段	三段	四段	五段	六段
位置	24.0	20.0	0.0	0.0	0.0	0.0
压力	55	40	0	0	0	0
速度	99	40	0	0	0	0

F4 储料	一段	二段	三段	四段
位置	10.0	20.0	45.0	60.0
压力	70	65	55	55
速度	50	60	50	40
背压	5	5	8	10

使用前注意清空注塑机内残存的其他物料，每种标准样条制备约 10 条。

四、试样测试

1. 试样拉伸强度的测量

拉伸性能按 GB/T 1040—1992 测试。

取哑铃型标准样条，以游标卡尺，千分尺测量标线间的厚度和宽度，每个试样测量 3 个点，取其算术平均值。夹具夹持试样时，要使试样纵轴与上下夹具中心连线重合，且松紧要适宜，防止试样滑脱或断在夹具内。打开拉伸性能测试的软件，设置好参数，调零，点击"实验开始"，仪器自动拉伸，至试样断裂。试样断裂在中间平行部分之外时，此试样作废，应另取试样补做。记录分析试验数据。取 5 次测试的平均值。

2. 试样冲击强度的测量

缺口冲击强度按 GB 1043—93 测试。取标准制样，测量缺口处的试样宽度，精确到 0.05mm。试样应在（23±0.5）℃和相对湿度为 50% 环境中，放置 2h。试验时应把温度设定在（23±0.5）℃下进行。

选择适宜的摆锤，使试样破裂所需的能量在摆锤总能量的 10%～80% 区间内。检查及调整试样机的零点和支座位置。将试样水平放置在支座上，宽面紧贴支座铅直支撑面，背向冲击锤，试样中心缺口应位置与冲锤对准。释放摆锤连续冲击试样，从度盘读取示值。此示值即为试样破裂所消耗的能量。取 5 次测试的平均值。

3. 高聚物流动速率（熔体流动速率）的测定

使用 SRZ-400C 型熔体流动速率测定仪。加入 4～5g 样品，将温度设定为 230℃，修正值设为 3.3，设定试验方法为质量法，切料次数：10，切料时间间隔：5s，恒温时间：15min，加料时间：1min，压料时间：1min，压料砝码：2.16kg。将切割下来的物料用电子分析天平测定质量，记录数据。

4. 氧指数测定

使用 JF-3 型氧指数测定仪。①校正满度：接通仪器电源，检查气路，无漏气。开启氧气钢瓶总阀并调节减压阀，压力为 0.2～0.3MPa，调节仪器面板右下角稳压阀，仪器压力表指示值为（0.1±0.01）MPa，调节流量旋钮，流量计指示值为（10±0.5）L/min，此时仪器数显表显示 100。关闭稳压阀及氧气总阀。②安装试样：试样一端划 50mm 标线，另一端垂直夹在夹具上，罩上燃烧筒。③确定实验开始时的氧浓度：如在空气中迅速燃烧，则为18%左右；缓慢燃烧或时断时续，则为21%左右；离开点火源即灭，则至少为25%。④通气并调节流量：打开氧、氮气总阀，调节减压阀为0.2～0.3MPa。打开氧、氮气稳压阀，压力表指示值为（0.1±0.01)MPa并同时调节流量，使氧、氮气混合流量为（10±0.5)L/min，此时数显窗口显示的数值即为氧指数值。实验时应保持压力为0.1MPa和总流量10L/min不变。⑤点燃试样及确定大致范围：氧、氮气冲洗稳定30s，用点火器（火焰长度为1～2cm）点燃试样顶端，点火时间最长为30s，移去点火器，立即计时。试样燃烧超过3min或50mm，说明氧浓度太高，实验现象记"X"，如不到3min或50mm，则太低，记"O"。找到现象为"OOXX"相邻的四个点，此范围即为大致范围。⑥在上述范围内，缩小步长，从低到高，重复测试，记录现象，并根据结果确定氧指数。

五、结果与讨论

比较PP/CaCO$_3$/SA、PP/CaCO$_3$复合材料及纯PP在熔体流动速率、力学性能及燃烧性能上的差异。讨论表面处理剂对聚丙烯/超细碳酸钙复合材料性能的影响。

一、实验目的

1. 本实验为培养学生自主设计、探索性研究能力的综合实验；
2. 本实验希望学生能够在牢固掌握有关超临界二氧化碳技术基础知识的基础上，运用所学知识和技术，制备氯化银纳米颗粒。

二、实验原理

超临界二氧化碳（$SC\text{-}CO_2$）流体完全不同于传统的有机溶剂。作为介质它具有一般有机溶剂所不具有的良好特性：它既具有液体一样的密度，溶解能力和传热系数，又有气体一样的低密度和高扩散系数。使用超临界二氧化碳进行萃取，萃取完成后释放出二氧化碳气体，从而使萃取物与溶剂分离。特别重要的是二氧化碳能出色地代替许多有害、有毒、易挥发、易燃的有机溶剂而被广泛重视。另外，二氧化碳可看作与水最相似、最便宜的溶剂，它可从环境中来，在化学反应后可再回到环境中，无任何副产品，完全具有"绿色"的特点；此外，CO_2 有较温和的临界条件。当今超临界 CO_2 已经广泛地应用到萃取、生物技术、材料加工、化学反应工程、环境保护和治理等领域。然而，CO_2 具有较低的范德华力和介电常数，对于亲水性分子、高分子量物质及金属离子的溶解能力非常低，限制了 CO_2 的广泛应用。

为了克服超临界二氧化碳对极性物质溶解能力差的缺点，科学家们发明了几种方法，其中，超临界二氧化碳和微乳液相结合是种非常有效且实用的方法。超临界二氧化碳不仅可以替代传统的有机溶剂，形成一种新型的、绿色的以超临界二氧化碳为连续相的微乳液，同时还可以溶解到传统的油包水型微乳液中，改善和调节微乳液体系的性质。选择在超临界二氧化碳中高溶解性的表面活性剂是形成超临界二氧化碳微乳液的关键。

表面活性剂具有双亲性特殊结构（含有疏水基团和亲水基团），在一定条件下，它们能自发形成聚集体。亲水部分（极性头基团）倾向于与水相接触，而疏水性基团则指向非极性相。以非极性超临界二氧化碳作为连续相时，随着浓度的增大，双亲物质能够形成聚集体。这种聚集体通常以亲水基相互靠拢，而以亲二氧化碳基朝向溶剂，因而形成二氧化碳包水（W/C）的微乳液，简称超临界二氧化碳微乳液。超临界二氧化碳微乳液通常由表面活性剂、二氧化碳和水等组分组成。图 1 中给出了模拟的超临界二氧化碳微乳液液滴的结构。有时体系中还需要加入助表面活性剂，以进一步改善界面张力和界面刚性，使得微乳液液滴更容易自发生成。在超临界二氧化碳中，常采用中等链长的醇作为助表面活性剂促进超临界二氧化碳微乳液的形成，同时它们还可作为共溶剂增加表面活性剂在超临界二氧化碳中的溶解度。超临界二氧化碳微乳液中的水核可以看作微型反应器或称为纳米反应器，反应器的水核半径与体系中水和表面活性剂的浓度及种类有直接关系，一般水的增溶量用 w_0（[水]/[表面活性剂]）表示。

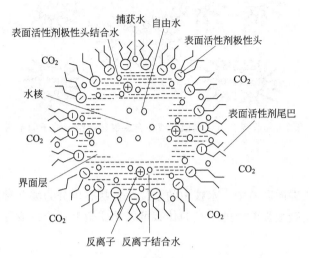

图 1 超临界二氧化碳微乳液液滴的结构示意

超临界二氧化碳微乳液中水核的大小或聚集分子层的厚度均为纳米级，从而为纳米材料的制备提供了有效的模板，可作为制备纳米材料的微反应器。利用超临界二氧化碳微乳液制备纳米颗粒具有其独特的优势，不仅可以减少有机溶剂的浪费及其对环境的危害，还可以通过调整体系的压力和温度来改变体系的密度（溶剂强度），从而为纳米材料的合成反应及其分离处理提供良好的可调性介质。

三、主要试剂与仪器

试剂：硝酸银，氯化钠，PFPE-COO⁻NH₄⁺，超纯水，高纯二氧化碳（99.99%，武钢）。

仪器：日本分光公司超临界二氧化碳装置一套 [PU-1580-CO₂ CO₂ Delicery Pump（0～35MPa），BP-1580-81 Back Pressure Regulateor，BP-1580-81 Bass Pressure Regulateor]，不锈钢高压可视反应釜（体积 250mL），DF-101B 集热恒温加热磁力搅拌器，THYS-15 型超级恒温水浴槽，DHG-905311 型电热恒温鼓风干燥箱。

四、实验步骤

分别称取 0.01mol 的硝酸银和氯化钠，将他们分别溶在 50mL 超纯水中，分别加入 15g 的 PFPE-COO⁻NH₄⁺，随后分别加入两个由联通阀门连接的 250mL 不锈钢高压可视反应釜中（反应釜事先连接在二氧化碳装置上，并处于二氧化碳保护下），密封后，在连通阀关闭的情况下，分别向两个反应釜通入二氧化碳，缓慢升高体系压力至 12MPa，搅拌 30min 后，使之分别形成超临界二氧化碳微乳液，随后，打开连通阀，将两个乳液混合，搅拌 25min 后，停止反应，运用背压调节器（BP-1580-81 Back Pressure Regulator）慢慢使体系压力降低至大气压，收集釜中底部的颗粒，水洗后烘干，运用 TEM 测试手段，确定所得颗粒的粒径及粒径分布。

反应示意如图 2。

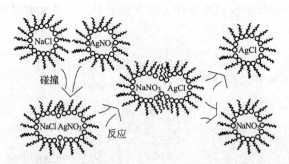

图 2　超临界二氧化碳微乳液中合成氯化银纳米粒子的示意

五、思考题

1. 超临界二氧化碳微乳液中，水核中的水按结合状态可分为哪几种？
2. 超临界二氧化碳微乳液中的水核为什么可以看作微型反应器或称为纳米反应器？

实验55 铂纳米簇/壳聚糖杂化膜催化苯部分加氢制备环己烯

一、实验目的要求

1. 学会铂纳米簇/壳聚糖杂化膜的制备方法；
2. 熟悉苯催化加氢的实验操作过程；
3. 掌握催化剂的活性评价手段和结构表征方法。

二、实验原理

环己烯具有活泼的双键，是一种重要的有机化工原料，在制药工业和石油工业中都有广泛的用途。尤其是在高聚物领域，以环己烯为原料生产尼龙6和尼龙66，具有工艺简单、生产成本低的特点。环己烯为苯加氢反应的中间产物，由于最终产物环己烷的热力学稳定性比环己烯要高得多，所以苯加氢反应很难被控制在环己烯阶段，而是倾向于生成最终加氢产物环己烷。因此，苯部分加氢制备环己烯反应的催化剂研究，具有十分重要的理论和现实意义。

Pt、Pd、Ru、Ni等金属均可以作为苯加氢催化剂，其中Pt的加氢活性最高，其储量相对较大，且铂类催化剂工业使用寿命大于5年。在铂催化苯加氢反应中，进行适当的催化剂改性可以提高中间产物环己烯的选择性。P. Dini等提出铂/尼龙类的复合催化剂用于苯加氢反应时有环己烯产物生成，在其研究中，当环己烯的选择性达到48％时，苯的转化率为0.4％，而当苯的转化率达到25.9％时，环己烯的选择性仅为0.1％。另外，D. Francisco等用0.5％铂负载在硅土/氧化铝上催化苯加氢反应，只能得到唯一产物环己烷。

本次实验拟选用价廉易得的天然高分子壳聚糖作为包覆材料，其具有良好的成膜性能和生物可降解性等特点，且主链上含有大量氨基和羟基，对金属离子具有较强的螯合能力。实验中将壳聚糖与铂纳米粒子进行包覆后制备分散均匀的杂化膜，探讨该杂化膜对于催化苯部分加氢反应的性能。期望利用液态反应物苯以溶胀的方式与杂化膜中的催化活性中心相接触，通过控制膜的溶胀程度以及膜的化学组成来控制液态反应物和生成物在膜中的停留时间，从而达到控制苯加氢的程度、选择性生成环己烯的目的。

三、主要试剂与仪器

试剂：聚乙烯基吡咯烷酮；乙二醇；氯铂酸；壳聚糖；乙酸；NaOH；苯；氢气；蒸馏水。

仪器：微波反应器；超声波仪器；真空干燥箱；高压反应釜；气相色谱仪；透射电子显微镜；傅里叶变换红外光谱仪；X射线衍射仪；X射线电子能谱仪。

四、实验步骤

1. 在微波加热条件下，以聚乙烯基吡咯烷酮作为稳定剂，用乙二醇还原氯铂酸制备单分散铂纳米簇，该技术可参考相关文献报道。

2. 将一定量壳聚糖溶于 1.5％的乙酸溶液中，待完全溶解脱泡后，将上述制备的铂纳米簇倒入壳聚糖溶液中搅拌均匀，超声波震荡 30min，流延、自然晾干成膜。用 10％NaOH溶液浸泡 30min，然后用蒸馏水洗涤至中性，于 80℃下烘干，即得分散均匀的铂纳米簇/壳聚糖杂化膜。

3. 苯液相加氢反应在高压反应釜中进行。将一定量的苯和杂化膜催化剂放入到高压釜中，用氢气置换几次后升压至 5MPa，启动搅拌，然后升温至 150℃，在该温度下反应 2h。

4. 待高压釜冷却至室温后，取出釜内物，过滤，滤渣为回收的催化剂，滤液为反应产物。采用气相色谱仪对产物进行分析（FID 检测器）。

5. 铂纳米簇形貌和尺寸由透射电子显微镜测定，电压 200kV。红外光谱图由傅里叶变换红外光谱仪测试，KBr 压片。XRD 谱图由 X 射线衍射仪测定（Cu K，40kV，40mA），XPS 谱图通过 X 射线电子能谱仪测定（Al K，300W，100eV），结合能以污染碳 C1 S（284.6eV）为参照。

6. 计算出苯的转化率、环己烯和环己烷的选择性以及环己烯和环己烷的产率。

7. 将催化剂结构表征结果和活性评价进行关联、解释。

五、思考题

1. 如何将催化剂的结构表征和催化活性进行关联？

2. 为什么在铂纳米簇/壳聚糖杂化膜催化下，苯加氢可以得到中间产物环己烯？

实验56 光敏性聚酰亚胺的合成及其光敏性能表征

一、实验目的

1. 掌握由 3,3-二氨基查尔酮和均苯四甲酸酐为原料，经两步法制备光敏聚酰亚胺的试验方法；
2. 掌握马弗炉以及紫外-可见光谱测试仪的使用方法。

二、实验原理

聚酰亚胺（PI）是含有亚氨基的有机高分子材料，具有高的热稳定性、高的绝缘性、低的介电常数以及优良的机械强度等性能。在现代高科技领域有非常重要的应用。PI 一般由四羧酸二酐和二元胺反应来制备，最经典的方法是两步合成法。首先是合成聚酰胺酸，一般是按照如下顺序进行：将二胺溶解于适当的溶剂里，一边搅拌，一边少量地向该溶液加入等物质的量并干燥处理过的四羧酸二酐，随着反应的进行，体系的黏度逐渐增加，在反应进程达到近 100% 时，溶液的黏度急剧的增高，分子量达到最大。其次是通过亚胺化处理得到聚酰亚胺。亚胺化指的是脱水环化形成聚酰亚胺的过程。采用的方法一般可用加热处理以及化学处理。相应的合成路线如图 1。

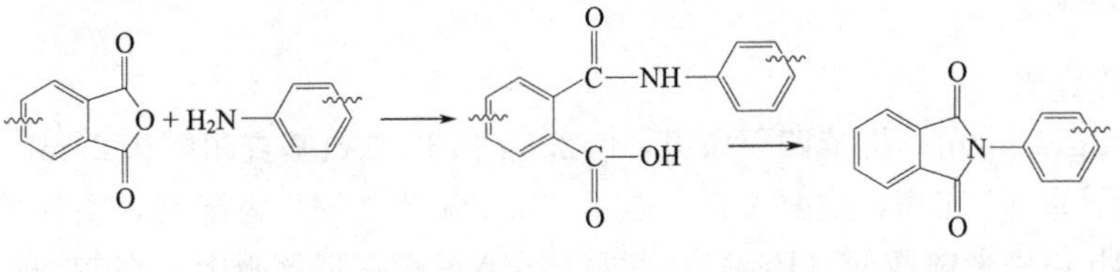

图 1 四羧酸二酐和二元胺反应合成聚酰亚胺

光敏聚酰亚胺（PSPI）是具有感光的耐热高分子材料。由于普通聚酰亚胺不具有感光性能，在硅片等基材上形成耐热的膜状图形时，需要相当复杂的光刻工艺。而光敏聚酰亚胺可以采用光刻工艺，大大简化了加工过程；同时又具有优良的耐热性、力学性能和介电性能等特点，被广泛用作微电子工业中的绝缘隔层、表面钝化层以及离子注入掩膜等。

本实验选用光敏单体 3,3′-二氨基查尔酮和均苯四甲酸酐为原料，经两步法制备光敏聚酰亚胺。其反应式如下：

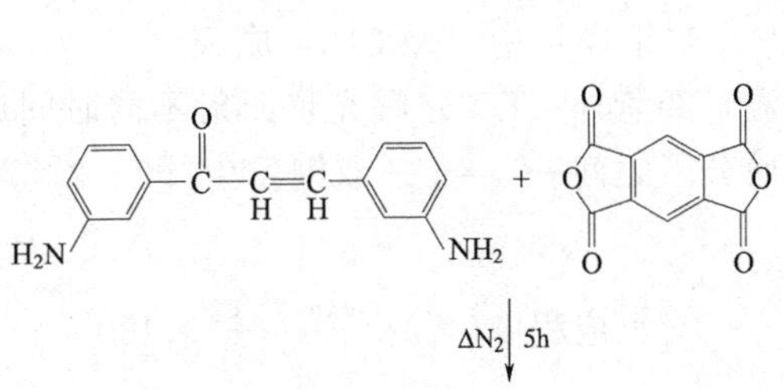

此 PSPI 的光敏性是指聚合物主链上查尔酮单元中的—C≡C—双键在 UV 光照射可发生 [2+2] 环合加成反应，使聚合物分子链间形成交联结构。交联结构的形成使聚合物的光学性能、溶解性、透光性、厚度、介电常数以及折射率等发生变化，利用这些性能的变化可拓宽 PSF 的应用领域，如溶解性的突变可使其有望在负型光刻胶领域得到应用。

三、主要试剂及仪器

试剂：均苯四甲酸酐，3,3′-二氨基查尔酮，N-甲基吡咯烷酮（NMP）（使用前提纯），二甲基甲酰胺（DMF）。

仪器：循环水式真空泵、干燥箱、马弗炉、聚合物的光敏性用美国 Newport 公司 Model 9119X 型紫外曝光仪和 SHIMADZU UV-2450 型紫外-可见光谱测试仪测定。

四、实验步骤

1. PSPI 的合成

称取 0.218g(1mmol) 均苯四甲酸酐，0.238g 3,3′-二氨基查尔酮于 25mL 烧瓶中，烧瓶抽真空，再用干燥 N_2 充满，重复 3 次，注入 3mL 新蒸 NMP 为溶剂，搅拌此反应混合物，室温下反应 24h 得到聚酰胺酸（PAA）。然后将 PAA 涂在玻璃板上，在 N_2 的保护下，按照表 1 所示程序升温下进一步酰亚胺化制备 PSPI。

表 1   程序升温过程

温度/℃	80	150	200	250	300
时间/h	1	1	1	1	1

2. PSPI 光敏性测试

将 PSPI 配成 0.1%（质量分数）的 DMF 溶液，均匀涂在石英比色皿上，在 80℃烘箱里烘 1h 蒸除溶剂，再在 60℃真空干燥箱中干燥 24h，成膜（5～7μm）后利用紫外-可见光谱测试仪测量聚合物膜在常温下经紫外（UV）曝光仪照射不同时间后的紫外-可见光谱。UV 光照射引起的光敏聚酰亚胺分子之间—C≡C—双键发生 [2+2] 环合加成的光反应性由式(1) 计算：

$$光反应程度(\%) = \frac{A_0 - A_T}{A_0} \times 100 \tag{1}$$

式中，A_0 和 A_T 分别为在 λ_{max} 处照射时间为零和时间为 T 的吸光程度。

五、思考题

1. 光敏性聚酰亚胺与非光敏性聚酰亚胺相比有哪些性能优点？
2. 光敏性聚酰亚胺的光敏性从何体现？
3. 提高光敏性聚酰亚胺的分子质量有哪些方法？